ユウブックス

空き家・空き地を活かす地域再生

〈コミュニティ・アセット実践編〉

田島則行 編著

奥村誠一・権藤智之・中城康彦・
納村信之・森田芳朗・
山崎 亮・若竹雅宏 著

はじめに

空き家の問題が、ニュースでも大きく取り上げられるようになってから久しい。政府や行政が毎年のようにさまざまな対策を打つが、一向に減る様子がない。空き家数は、総務省の統計（2024年）ではついに900万戸まで増えてしまい、過去30年間でほぼ倍増してしまった。その理由はいろいろあるが、既存の住宅や建物を長く使われるように工夫してなかったこと、空き家になったあとの新しい活用方法の工夫をしてこなかったことが大きい。

もう一方で、少子高齢化によって人口減少と高齢化という問題が顕在化し、各地域のコミュニティの活力が徐々に弱まってきていることもある。人口が減れば空き家は増え、空き家を活用するにも、使う人がいないという悪循環が続くばかりである。我々は、「空き家問題」と「コミュニティの問題」という、二つの大きな課題を抱えたまま、鶏が先か、卵が先かの議論を長いこと続けてきたように思う。

本書ではそれぞれ個別に解決するのではなく、むしろその二つを同時に考えることこそが、解決策を見つけ出す方法だと考えている。つまり空き家を活用することこそが、コミュニティが再生されるためのきっかけとなり、コミュニティのための場づくり、拠点づくりこそが活動資金を生み出すと同時に、空き家を減らす処方箋になるのではないかという考えだ。このように二つの問題を同時に解決するための「場づくり」のことを、我々は「コミュニティ・アセット」と呼んでいる。

コミュニティ・アセットの考え方に関しては、前著の『コミュニティ・アセットによる地域再生：空き家や遊休地の活用術』(鹿島出版会、2023年)において詳しく紹介している。アメリカやイギリスにおいて縮小局面におけるコミュニティの再生を行うために、各地域のNPO組織が活躍することで衰退地域の再生が進められてきたこと。1990年代に紹介されたときには日本ではまだ準備が整っていなかったが、2010年代以降は日本においても先駆的な事例が続々と実現し始めてきていることを示した。

そして本書では、前著の理論的なベースを土台にしつつも、自らのリスクでプロジェクトを立ち上げて実践している日本の先駆者らにインタビューを行い、彼らが直面してきた問題やその解決方法を詳しく振り返りながら、今後、日本においてコミュニティ・アセットで地域を再生しようと考えている、あるいはすでに一歩踏み出している人たちのために、その方法論や考え方を詳しく紐解きたい。

本の構成は、まず最初に「Introduction コミュニティ・アセットへの提言」にて背景や考え方を詳しく説明したうえで、「コミュニティアセット構築のためのステップ」を具体的に提示する。その後、四つの章に分けて各章2〜3事例ずつ、全部で11の事例を紹介し、Chapter 1を「民間主導の公共プロジェクト」、Chapter 2を「コミュニティ事業から始まる地域再生」、Chapter 3を「市民の汗のエリアマネジメント」、そしてChapter 4を「まちの価値を活かした空き家再生」という四つの視点でまとめている。さらにこの四つの章には7名の識者による国内や海外事例のリサーチがそれぞれ差し込まれており、本全体を通してコミュニティ・アセットによる空き家や空き地の再生手法の実践や理論、そしてリサーチを俯瞰できるように構成している。

建築関係者やまちづくり関係者だけでなく、銀行や金融機関、地主や大家、あるいは政府や行政などの多様な主体が力を合わせて衰退局面に直面する日本を再生していくために、ともに考え、実践すべき方法を提示することで、空き家や空き地の活用を進め、コミュニティの活性化を実現するための道筋を照らしていきたいと思う。

田島則行

Contents

Chapter 2　コミュニティ事業から始まる地域再生

Chapter 3　市民の汗のエリアマネジメント

Introduction

コミュニティ・アセットへの提言

田島 則行

1 空き家問題とコミュニティ・アセット

日本における空き家増加の問題とは

2024年4月に発表された総務省の「住宅／土地統計調査」によれば、2023年10月時点における日本の空き家数は、ついに900万戸まで増えたという。2018年の前回調査より5年間で51万戸も増えている。1993年は448万戸であったから、そこから数えれば30年でほぼ倍増したことになる。また空き家率は全国で13.8%であり、県によっては20%を超えるところが6県もある。

使われない空き家が増えることは、当然、経済的にも大きな影響がある。たとえばアメリカでは伝統的に古い建物をメンテナンスして丁寧に長く使う傾向があり、時間が経っても価値が低下しづらい。

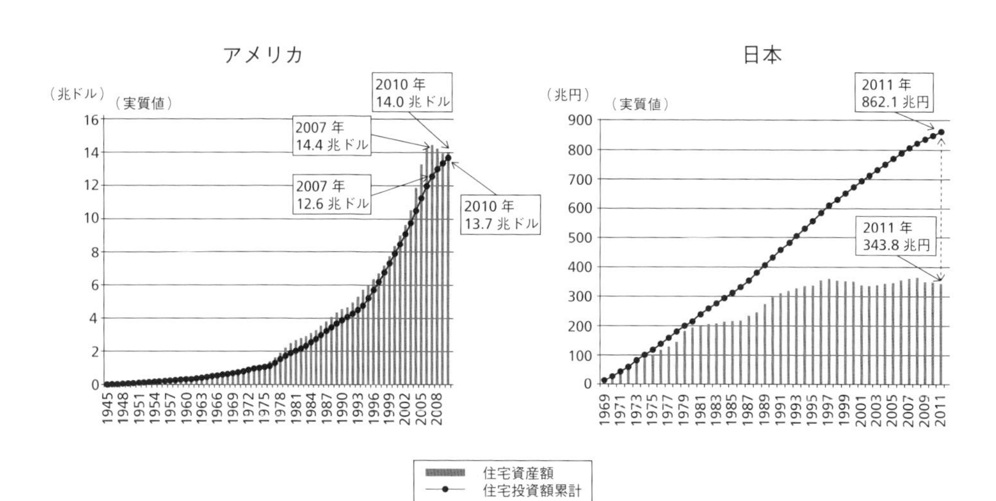

日米の住宅投資額累計と住宅資産額の比較（fig.1）

短い期間で転売したとしても、買った値段と同等もしくは高く売れることもあり、その資産価値が維持されることから、2回、3回と買い換えながら大きな家に移っていくようなライフスタイルがよく見られる。

それは投資額と資産価値の統計にも表れている。アメリカにおける2010年の住宅投資額の累計が13.7兆ドルであるのに対して、住宅資産額が14兆ドルとなっており、住宅の価値が投資額を上回っている（fig.1）。一方、日本では2011年の住宅投資額の累計は862.1兆円であり、それに対して住宅資産額は半分にも満たない343.8兆円しかなく、おおよそ500兆円もの資産価値が毀損して消え去ったことになる。つまり古い建物を放置してメンテナンスしないことで、空き家は資産ではなく消耗品となってしまい、時の経過とともに価値を失ってしまうのだ。

地域コミュニティの変遷

次に地域コミュニティの問題について考えよう。2019年に国土交通省が取りまとめた報告書によれば*1、地域コミュニティは以下のような変遷を経ているという。かつては農村共同体による地縁によるコミュニティが主であり、「生産コミュニティ」と「生活コミュニティ」は表裏一体のものであった。しかし産業化および都市化の過程で、会社での活動が主となり、核家族による暮らしが当たり前になると、「農村型コミュニティ」と「都市型のコミュニティ」が分離した。そして今日においては、かつての町内会を中心とした「地域コミュニティ」だけでなく、共通の価値観にもとづく「テーマコミュ

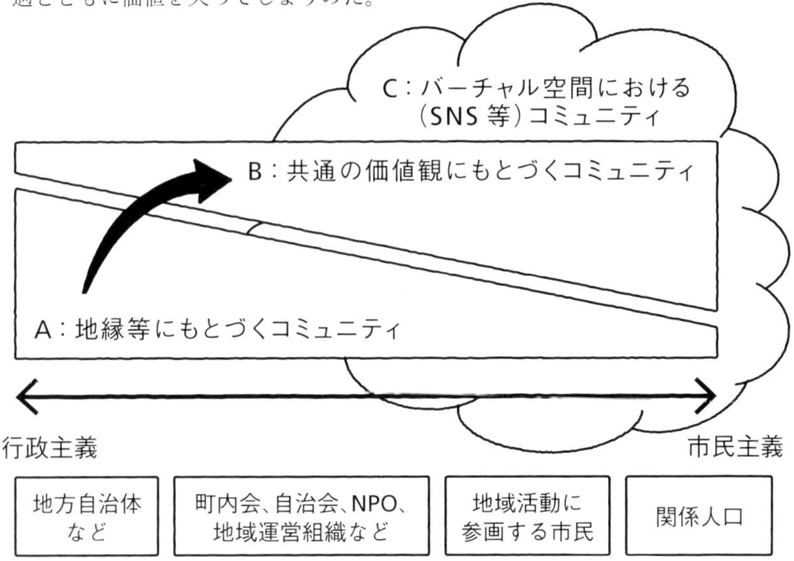

共通の価値観にもとづくコミュニティ（テーマコミュニティ）（fig.2）

*1　参考文献：国土交通省「2019年とりまとめ、～新たなコミュニティの創造を通じた新しい内発的発展を支える地域づくり～」国土審議会計画推進部会、住み続けられる国土専門委員会、2019年

ニティ」が出現しており、SNSなどのインターネットによるコミュニティとも連携したような新しいコミュニティのかたちが生まれてきている（fig.2）。

ただし「地域コミュニティ」では、近接性、つまり地理的な近さが今でも重要であるが、「テーマコミュニティ」においては、場所の近接性は二次的なものである。しかしオンラインだけでなく、対面で集まる機会があることでより親密なコミュニティが可能になる。

ただコミュニティを考えるうえでは、商店街再生のような「賑わい」を物差しとしたコミュニティの考え方には大きな間違いがある。たとえば、巨大なショッピングセンターができて、連日、多くの買い物客が訪れるとしよう。このショッピングセンターを歩く人々は、さて、コミュニティを形成しているといえるであろうか。答えは、NOである。多くの人が行き交い、あたかも一緒に近隣のような賑わいを形成しているように見えて、誰もが隣の人が誰かも知らず、仲間以外の他者とは必要以外の会話はしない。これは、かつての地元地域に密着した商店街とは似ても似つかぬものであり、人と人とのつながりを共有したコミュニティは、商業主義の新しいショッピングセンターからは生まれない。

つまりコミュニティを考えるうえでは、経済活動としての活性化や賑わいが優先されるのではなく、その地域の人々の生活に密着し、それぞれ相互の交流を生み出すような、開かれた場、さまざまな人たちがつながれるような場が必要になる。昔ながらの地域づきあいを続ける高齢者たち、会社での仕事上の付き合いか家族との行動に限定されてしまう働く世代、そして趣味や興味の赴くままにテーマコミュニティやインターネット上のコミュニティを形成する若い世代。それぞれが異なるコミュニティ像、異なるコミュニケーション形態、異なる行動パターンを取っており、彼らが共通して出会うような場は、じつは社会的にあまりケアされてこなかった。だからこそ、それらの違いを許容するような、「場」が今、求められている。

コミュニティ・アセットの定義

コミュニティ・アセットとは、そういったコミュニティがつながる「場」をアセット化（資産化・運用）することで、そのコミュティ活動に持続性をもたせると同時に、空き家や空き地などの毀損していく空間資源を再生して活用できるようにすることで、空き家の問題と、コミュニティの問題の両方を同時に解決しようという考え方である。空き家や空き地・遊休不動産などを活用し、公共的な役割を担いつつ自立性・持続性のある活動を行えるような、コミュニティ再生／活性化の拠点となるアセット（不動産、財産、建築、空間）のことを指す。

2 アメリカとイギリスにおける地域再生：CDCとDT

アメリカとイギリスにおける先行事例

コミュニティ・アセットを考えるうえで、参考になる組織のかたちがアメリカとイギリスにある。前著『コミュニティ・アセットによる地域再生』*2で詳しく述べているが、本著の考え方にもつながるのでここで簡単に概略を述べておく。

アメリカにおけるCDCとは？

アメリカにおいては、Community Development Corporation（以下、CDC）という組織がある。日本語に訳せば、「コミュニティ開発事業体」となる。1970年頃から草の根の活動から生まれた組織形態であり、1980〜90年代に大きく展開して全米の衰退する地域の再生に大きな役割を果たした。アメリカ全土で4600以上もあるとされており、各地域の実情に合わせて再生に取り組む組織形態である。

CDCの大きな特徴は、衰退して地価も下がっていくような地域において、低所得者層向けの集合住宅（アフォーダブル住宅）の建築を行い地域の再生を行う。草の根の活動でありながら、不動産事業者なみの金融的手法によるプロジェクト・ファイナンスによって事業を推進し、そこからコミュニティ活動のための資金を捻出する。もちろん政府や地方自治体からの支援を受けながらも、あくまでも民間

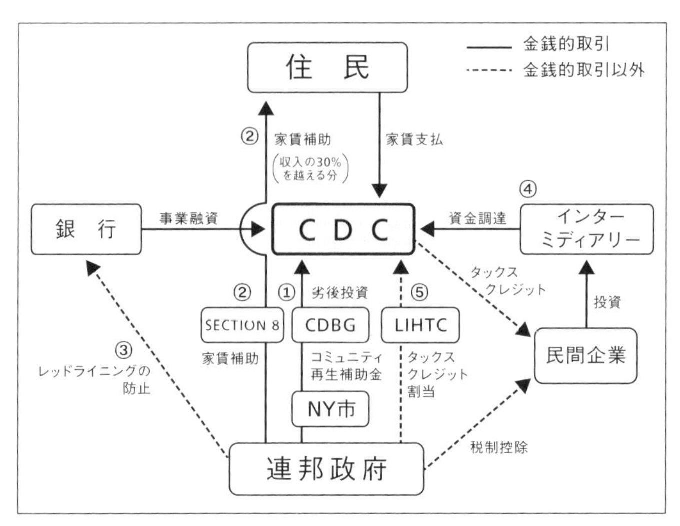

CDCのファイナンスの仕組み（fig.3）

*2 参考文献：田島則行 著『コミュニティ・アセットによる地域再生：空き家や遊休地の活用術』鹿島出版会、2023年

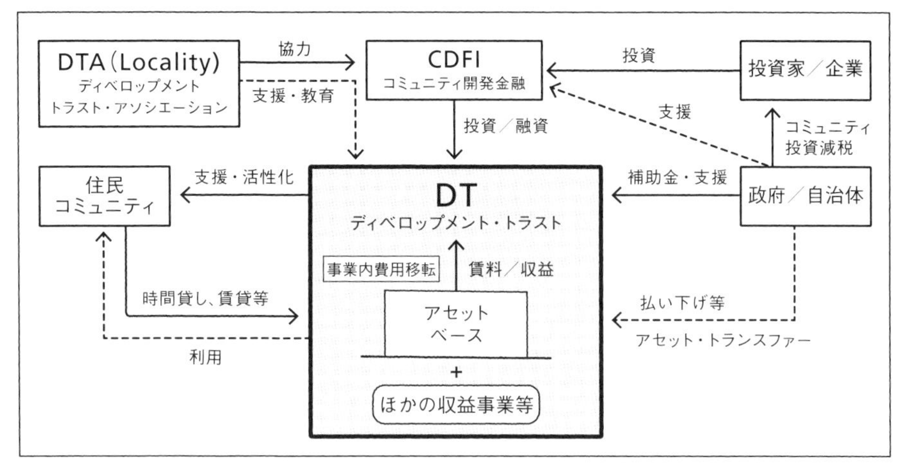

DTのファイナンスの仕組み(fig.4)

主導の活動として、政府にも一目置かれる存在として、各地域のコミュニティ再生を担ってきた(fig.3)。

イギリスにおける DTとは?

一方、イギリスにおいては、Development Trust(以下、DT)という組織がある。イギリス全土で各地域の近隣問題に対応した再生活動を行う活動を行っており、「まちづくり事業体」とも呼ばれている。非営利のボランタリー組織であり、70年代から活動は始まり、今ではイギリス全土で1000以上のDTがあるといわれている。

アメリカのCDCは前述のように、不動産開発を一つの軸としているが、イギリスのDTは、古い建物が多いイギリスであることも関係していると思うが、古い建物や使われなくなったスペースを活用して、アセットベースという考え方を主にしており、空きスペースを賃貸したり、活用したりすることによって収入を稼ぐことで、コミュニティ活動を行うための資金を自ら稼ぎ出し、持続性を保ちながら自立した活動を行うところに特徴がある(fig.4)。

エンジンとしてのアセット、右肩下がりの衰退局面にこそ本領発揮

アメリカのCDCの場合は空き家や空き地という空間資源を活用し、プロジェクト・ファイナンスによる事業スキームを構築して、持続性のある資金調達や事業を推し進める。一方、イギリスのDTでは空き家や空き地という空間の活用そのものから賃料収入を稼ぎ出すことで、そ

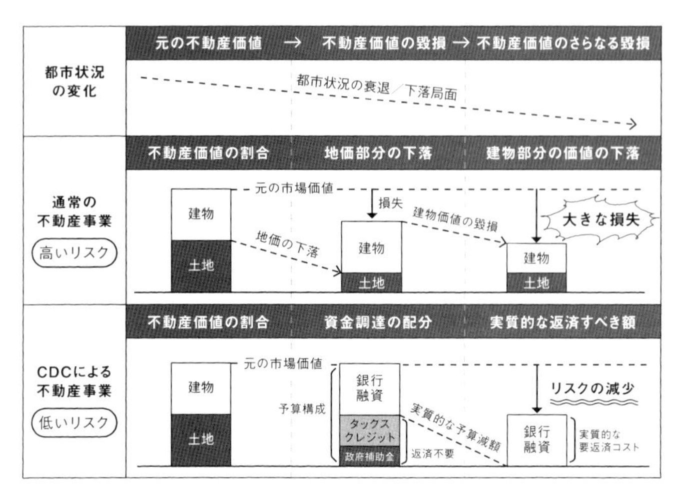

衰退局面におけるCDCの強み（fig.5）

の活動資金を捻出する。つまり非営利組織でありながら、地域貢献の費用をアセットを活用して自ら資金調達を行う力をつけることが、そのまま地域再生に直接的かつ持続的に貢献できることを強みにしている。

アセットを活用することは、人口減、あるいは衰退する地域においてとても有効な方法である。通常のビジネスの世界では、縮小局面の産業や地域にはお金は集まらない。値下がりする土地、あるいは、売上が減っている企業にお金を貸すことはリスクが高く、右肩下がりの経済状況で新しい事業を興すことは不可能に近い。ところがアセットを活用することで、事業そのものに収益性や持続性が生まれ、組織運営に安定感をもたらすことができる。さらに出資や補助金などを組み合わせてイニシャル（初期費用）の負担を下げて運用収支を安定させることで、さらに事業としての安定感が増す（fig.5）。

じつはこういったアメリカのCDCの仕組みが日本に紹介されたのは1990年代であった[*3*4]。その当時、CDCはNPOの一種として紹介されたが、そのプロジェクト・ファイナンスの仕組みはあまり理解されなかった。結局、日本で同じような仕組みでスキームを行うのに必要な金融的な手法が普及するのに、さらに10年以上の時間が必要であった。

2000年代には入ってからは、不動産の証券化やPPPあるいはPFIの手法など、さまざまな金融的なプロジェクト・ファイナンスの手法も日本に普及した。さらに近年では地方の小さな信用金庫でもそういった手法が理解できるようになってきたこともあり、行政の担当者レベルでも、こういったやり方は知識として共有されるようになってきた。今こそ、日本においてもアセット化によるコミュニティ再生が十分に対応できる環境が整ってきたといえるだろう。

*3　参考文献：平山洋介 著『コミュニティ・ベースト・ハウジング ―― 現代アメリカの近隣再生』ドメス出版、1993年

3 コミュニティ・アセット構築を阻む五つのハードル

アセット構築が先か、
コミュニティ再生が先か、
空き家再生が先か、
資金調達が先か？

コミュニティ・アセットの実践を行ううえでのさまざまな問題がある。大きくは少子高齢化の問題、あるいは空き家問題、コミュニティ再生の問題、そしてアセット化や場づくりの問題がある。実際の現場ではこういった問題が次から次へと押し寄せてなかなか整理して対応することは難しいが、ここでは一つずつ検討をしていきたい（fig.6）。

① コミュニティの弱体化への対応：増え続ける空き家と少子高齢化

東京や名古屋、大阪などのいくつかの大都市圏を除くと、今では日本全国どの地方も少子高齢化による人口減少に直面している。今に始まったことではないが、若者は都会へ行き、老人が地方に残るという人口移動に加えて、出生率が下がることで人口バランスが崩れ、高齢者が増える一方、労働人口の中心となる世代も年々減ってきており、地域の活動を担う人口は減る一方である。

かつての祭りなどを中心になって運営していた世代が高齢化し、子どもたちも減る。町内会の活動は停滞し、地域活動は弱体化するばかりである。また元々住んでいた家の住人が減り、世帯数が減り、高齢者の単身世帯が増加する。あるいは住人が亡くなったあとの空き家は毎年のように増加していく。国や市町村レベルでも、こういった少子高齢化による人口減少を改善するための方策を検討しているが、こういった「超」高齢化社会への移行は、先進国においては、避けようの

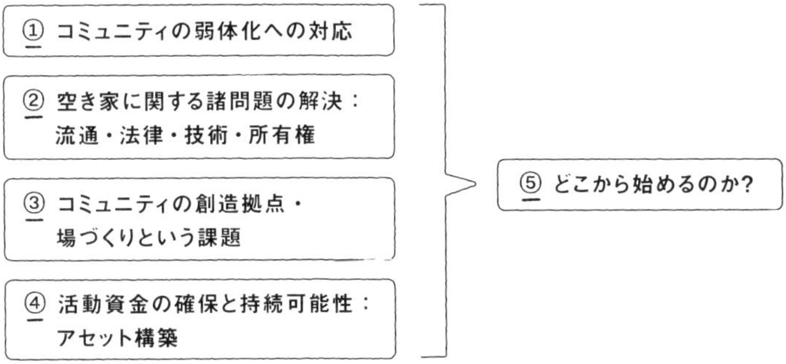

① コミュニティの弱体化への対応

② 空き家に関する諸問題の解決：流通・法律・技術・所有権

③ コミュニティの創造拠点・場づくりという課題

④ 活動資金の確保と持続可能性：アセット構築

⑤ どこから始めるのか?

コミュニティ・アセット構築を阻む五つのハードル（fig.6）

＊4 参考文献：財団法人ハウジングアンドコミュニティ財団 編著、林泰義、小野啓子ほか 著『NPO教書――創発する市民のビジネス革命』風土社、1997年

ない現実であり、むしろ人口は減ることを前提に、空き家の利活用を進め、人が減ってもコミュニティが弱体化しないように工夫をする必要がある。

② 空き家に関する諸問題の解決：流通・法律・技術・所有権

空き家問題でまず最初に直面するのは、その空き家に相応しい活用方法を探し当てるのが難しいことだ。建築を建てるときは、その間取りやプランは要望される用途に合わせて設計する。店舗なら店舗、住宅なら住宅、4人家族ならその使い方に合わせて間取りを決める。ところが次に使うときには、当初想定した用途で使いたいとは限らない。時代は変わり、まちの様子は変わり、家族のあり方も変化するなかで、ライフスタイルや間取りも当然、変化する。古い空き家を改めて再利用するには、その「用途」や使い方を再考する必要がある。

その空き家をそのまま賃貸に出すとか、あるいは売買しようとしても、間取りや広さ、あるいは内装材などが、その時代のスタンダードとは異なることから、不動産の流通に乗せようとしても基準が大きく変化していて評価されず、土地の価値しかカウントされない。

さらに毎年のように建築基準法は改正されており、新しい耐震や耐火の基準、新しい安全性に関わる法律が追加されており、古い空き家はこういった新しい法律に適合せず、改築や増築をして確認申請を出し直すのは、たいへん難しい。建築士による時間を掛けた検討と解決が必要になる。

技術的にも大きく変化してきており、とくに断熱性能や空調や水回りの設備機器の性能は大きく改善されてきており、古い機器では今日のスタンダードを満たさない。

そして今一番大きく問題となっているのは、所有権の問題であろう。2023年の民法改正では、所有者不明の土地を利活用しやすくすることや、空き家の管理不全を予防、改善することを目的とした改正が盛り込まれた。所有者不明でも土地や建物の処分が可能になったりと、所有者不明土地の円滑な利用ができるように工夫されている。今後も引き続き、空き家が再活用されやすいように、法体系や仕組みを適切に改善していくべきであろう。

③ コミュニティの創造拠点・場づくりという課題：多様な人々をつなげる場がない

ここ数十年は、個人個人の権利やプライバシーばかりが尊重され、かつてのまちや地域にあったような、もちつもたれつの相互扶助の精神や近隣のつながりについては置き去りにされてきたように思う。集合住宅の玄関はプライバシーや防犯性を重視して鉄扉で固く閉ざされ、土地の境界は高いフェンスで仕切られる。またタワーマンションの入口は押し売り無用とオートロックの入口で周辺地域との関係を絶ってしまっている。つまり、かつての日本家屋にあった庭や縁側のような、道行く人々との対話を前提とした緩やかな境界の考えは、近代の都市計画や不動産や建築設計においては否定されてきた。

コミュニティのかたちもまた、時代とともに大きく変化してきており、かつての近接性にもとづいた地縁によるコミュニティは衰退の一途を辿り、会社や学校などの目的型のコミュニティ、あるいは趣味や共感によるテーマコミュニティ、そして、インターネットやSNSによるバーチャルなコミュニティが台頭し、かつての地域コミュニティの枠組み（町内会、公民館、親族等）はさほど重要視されなくなってきた。

少子高齢化による人口構成の大きな変化も、社会やまちづくりの場においては、つながりや社会的な活力の喪失が大きく現れる。古くからの地縁にもとづいて町内会を運営しようとしても、若い世代は地域のコミュニティに帰属している意識は低く、各自の会社や学校、あるいは趣味や興味に合わせた活動にしか目が向いていない。

従来の「地域コミュニティ」と、若い世代が属する「テーマコミュニティ」の間には、相互につながるような場や仕組みはなく、すれ違いはさらに大きくなる一方である。つまり、そういった「すれ違い」を改善し、新しい時代のコミュニティのあり方を考えるうえでは、さまざまな世代、さまざまな職業、さまざまな考え方をもつ人々を許容できるような新しい拠点、新しい「場づくり」が求められている。

④ 活動資金の確保と持続可能性：アセット構築

従来の日本の政治、そしてまちづくりの大きな欠点は、ばらまき型、補助金型であり、まちづくりの「持続性」や「自立性」を軽視してきたことにある。補助金が続く限りはその活動を続けるが、補助金が終われば活動も終わる。投資されたお金がそのまま残らずに浪費されてしまう構造では、活動は定着しない。

営利事業であれば、稼ぐだけ稼いで、稼いだお金で新たにまた事業を推進するというサイクルがイメージしやすいが、日本の公共的な分野や非営利の活動においては、こういった循環的な考え方は置き去りにされてきた。

つまり外部からの資金がなければ継続できず、非営利組織でボランティアを中心とした活動であったとしても、さまざまな実費や費用が必要になり、備品や消耗品にもお金が掛かる。これを抜け出すには、空き家などの空間資源の「資産性」を活用してアセット化することで、コミュニティ・アセットを構築して事業ストラクチャーを組み上げて、自らの力で自走して持続可能性を高めることができる。

4　求められる日本版の中間支援組織の確立

事業スキーム構築のための支援が必要

コミュニティのための場をつくり、そして地域の活性化を促していくことができる。ただここまでで述べたように、これに事業的な持続性と安定性を確保するには、アセット化による事業ストラクチャーの構築が不可欠である。ただこれについては、建築や不動産、あるいは金融などの専門知識が不可欠であり、かつ資金調達するためのさまざまなノウハウが欠かせない。

本書で紹介する事例は、どれもその事業者たちが自らの手で、そのバイタリティでやり方を開拓し、そして実現させてきた。ただこれと同じことをやるには、多くの専門知識、多くのリスクと対面せざるを得ず、まだまだ気軽にコミュニティ・アセットをトライできるところまでは来ていない。

アメリカ、イギリスにおける中間支援組織

じつはアメリカやイギリスでCDCやDTが全土に広く普及したのには訳がある。アメリカにはLISC（Local Initiative Support Corporation）、イギリスにはLocality（旧Development Trust Association）というインターミディアリーと呼ばれる中間支援組織があり、彼らが資金調達、専門知識の共有、アドバイスを行っており、素人の住民らが集まって始めた非営利組織であったとしても、中間支援組織が後ろ盾として、きちんとした事業ストラクチャーを組み上げられるように、ノウハウの共有やアドバイスを行っていることが大きな効果を生んでいる。

今後の日本の課題は、日本版の中間支援組織の確立であり、誰もが空き家のアセット化による「場づくり」にトライできる環境を整えることであろう。

Steps in Building Community Assets

コミュニティ・アセット構築のためのステップ

コミュニティ・アセットによる地域の再生を進めるとなれば、さてどこから進めればよいだろうか。本節ではそれらの具体的なステップを考えてみたい。ただステップは必ずしもこの順番で実現しなくてもよい。順番は入れ替え可能だ。

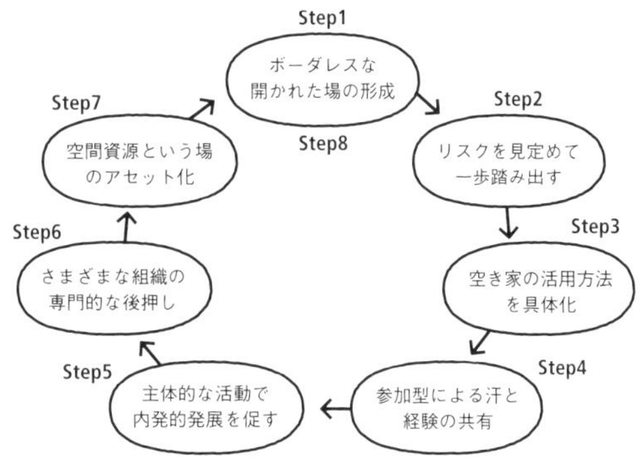

コミュニティ・アセット構築のためのステップ (fig.1)

Step 1 ボーダレスな開かれた場の形成：人の集まりが先か、空間資源の発見が先か

ボロボロな古民家がある、あるいは空き家で使われてない納屋がある。そんなとき、自分だったらこう使うのになと思うことは多々あるはずだ。でも肝心のオーナーは、この空き家を有益な「空間資源」とは思っていない。もて余していたり、あるいは片付けがそもそも進まなかったり、いろんな理由で、可能性のある空間資源が無用の長物となってしまっている。そんなとき、その空間の可能性に気づくのであれば、それは大きなチャンスだ。その空間をどう使ったらよいか、どんなふうに使えるか、どんな活動が面白いか、知り合いや仲間と話し合うところから始めよう。

理想的には人の集まりが先にあって、その活動場所として空き家を発見するほうが、良いように思われる。でもコミュニティ・アセットの文脈においては、逆もまたあり。空間の使い方をみんなで議論したり共有することで、新しい開かれた場が形成される可能性がある。

活動のための箱であるべきだが、箱の個性が活動を喚起することもある。古い建物には、そんな機能主義じゃない新しい発見も大いに歓迎しよう。

Step 2

リスクを見定めて一歩踏み出す：衰退状況をむしろ逆手に取る

常識的な銀行は衰退地域に融資はしない。地価は下がり、活動は停滞し、資金は毀損する可能性が高いからだ。一方、銀行は栄えている地域には融資をする。地価は上がり、繁盛して資金を回収できる可能性が高いと読むからだ。だが国全体が衰退局面に入った日本において、この銀行の伝統的なやり方は正解だろうか？

最近、安い古民家に不動産投資する人が増えている。たとえば150万円で購入し、300万円で改修して8万円で貸すとしよう。計算上では、表面利回りはときには20%以上になる。一方、たとえば都市部で数億円を投資して集合住宅を運用しても、土地や建設費が高すぎて、3～4%の利回りが出ればよいほうだ。さて、どちらを優良な投資と考えるべきであろうか。

NPO法人尾道空き家再生プロジェクトによる「みはらし亭」の再生ワークショップ（fig.2）

衰退地域では、初期投資を小さくして十二分な収入を得て、投資金額を回収できる可能性が高く、さらに金額も小さいためにリスクも小さい。衰退地域のみすぼらしい古民家を見つけたら、あまりお金を掛けずに、みんなで集まって手作業で自ら汗をかいてDIYリノベーションをして、自分たちでできることは自分たちでやって、すてきな空間を仕上げよう。こういったセルフリノベーションによる共働作業から生まれる権利のことを、「スウェット・エクイティ」（汗の権利）という。自分たちで汗をかいたのだから、自分たちで大切にその空間を育てて活用するというモチベーションが生まれる。

つまり衰退地域にこそ、低い投資金額で高い利用価値を生み出せる可能性がある。投資の基本は落差のエントロピーだ。投資に対して得られる落差のメリットは、むしろ衰退地域のほうが大きいということを知っておきたい。

空き家の活用方法を具体化：空き家に気づく、空き家の見える化から活用へ

まちを歩いていると、おそらく空き家と思われる家がかなりある。カーテンも家具もなければ、明らかな空き家だが、カーテンもあるが開け閉めした形跡がない、家具もあるが、雑草が生え放題で人が使った気配がない。あるいは雨漏りして家が傾き、窓ガラスが割れたりして、かなり長い間放置されているような空き家もある。

そういった家屋を見つけたら、法務局で所有者を調べたり、あるいは近隣の人にヒアリングすれば、もしかしたらこの空き家をどうしてよいか悩んで逡巡している大家さんに出会えるかもしれない。購入するのか、賃貸するのか、あるいは借地として土地の使用する権利を買う方法もある。そうやって1軒1軒、活用の道を切り開き、増え続ける空き家を1軒でも多く世に戻すことが、その地域の再生活動そのものである。

一方、多くの市町村が空き家バンクなどの仕組みを取り入れているが、空き家を発見してリスト化しウェブに公開しても、使い手が現れない。空き家は空き家そのままでは、現代のニーズに合った活用はされずに空き家のままになってしまう。つまり空き家情報を広さと間取りで検討しても、使い方は見えてこないのだ。

地元の不動産屋にしても、空き家に対して、売買したり賃貸したりする価値があると思っていない。またどのようにすれば使いたい人が現れるかをイメージできていないことが多い。それには空き家に新しいニーズを加味してどのように使われるのかを考えて、その考えに共感した人たちが空き家の価値を初めて発見することになる。たとえば、「東京R不動産」[*1]のように空間の活用可能性や価値にまで踏み込んだ物件紹介をして始めて、人々はその空き家の面白さに気づくことができる。

じつは、空き家の使い方の可能性は無限大だ。建物をほぼスケルトンにしてリノベーションすれば、間取りは自由に変えられる。あるいは、改修コストを抑えて少しだけ間取り変更するだけでも、さまざまな使い方ができるようになる。もちろん、耐震改修を行って安全性を向上させることも十分可能だ。

（株）エンジョイワークスによる「桜山シェアアトリエ」(fig.3)

*1 「東京R不動産」(https://www.realtokyoestate.co.jp)

参加型による汗と経験の共有：人々の巻き込み方、関わり方をデザイン

合同会社つみき設計施工社による「123ビルヂング」。上はアトリエ室内 (fig.4)、下はリノベーションの様子 (fig.5)

じつは「場」をともにつくり上げるプロセスこそ、参加型の活動を一緒に共有できる貴重な機会となる。ともに考え、汗をかき、そして活動する。一緒に「場」をつくるなかで経験を共有し、アイデアを交換し、自由に意見を交わす。信頼関係を構築しながら、地域の人たちを巻き込み、人と人の関わり方をデザインする。

こういう「場づくり」そのもののなかに、じつは人のつながりを結び付け、地域の活性化につながるコミュニティ再生のポイントがある。汗をかいて一緒につくった場所は、自ずと自分自身が主体的に関わった愛着が湧く。その愛着の湧く場づくりこそが、コミュニティ活動の基本であり、そこに新しい発展が生まれる。

そういった場は、さまざまな人に開かれたものであり、時空間を共有し、助け合い、共助の精神でお互いの存在を認めあう。自分たちが直面する社会問題を解決したり、経済問題や地域の問題を共有する。災害時にはともに助け合い、地域における失われつつある相互扶助のつながりをもう一度見直すことが、コミュニティを再発見することであり、地域の再生になる。

Step 5 主体的な活動で内発的発展を促す：地域固有の資源を自ら考えて活かす

コミュニティの問題に立ち向かうとき、大事なのは主体性である。自分たちの問題を自分ごととしてとらえて、自分たちで考えて対策を練る。こういった主体性のある行動がコミュニティのつながりを強くする。

このような主体性のある活動のことを、別の言い方で「内発的発展」という。内発的とは、言葉の響きから内向きな印象を受けるが、意味としては、地域固有の資源をベースとして、地域住民が自ら考えて行動して進めるような発展のことを指す。

かつて日本はいつも、外から新しいものを引用し借りてきて地域を活性化しようとしてきた。すでに成功した大きなものをもってきて、何とかしようという考えだ。大きな工場や会社やチェーン店、あるいは大規模ショッピングセンターを誘致したりして、経済的に豊かにしようという発想だ。しかし歴史がすでに証明しているように、外から借りてきたものは定着しない。うまくいかなくなるとさっさと撤退してしまい、残るのは駆逐された地元の斜陽の産業やシャッター通りの商店街だけだ。そして古くから引き継がれてきた地域のコミュニティや文化は、そういった外来からの変化に晒されて、過疎化がさらに加速してしまう。だからそういった外来的なもの、外発的な発想から切り替えて、自分たちの力による継続性のある内発的、主体的な発展を大切にしようという考え方にもとづいて行動したい。

(株)エンジョイワークスによる「The Bath & Bed Hayama」。上(fig.6)、下(fig.7)とも建物が完成する前から行われた「泊まれる蔵プロジェクト」の参加型ワークショップの様子

さまざまな組織の専門的な後押し：多様な組織との共働

ただ内部の力だけで何とかしようというのも、じつはもう一つの日本が陥ってきた典型的な間違いだから注意したい。昔からの古い付き合いのなかでは、さまざまなしがらみやポジションがあって、言いたいことも言えず、新しいアイデアや方法は出てこない。既存の問題に立ち向かい解決するには何か新しい力、新しいアイデアが必要になり、外との交流のなかで、新しい刺激があり新しい考えが成就する。そのためには、外部の知恵を借りながらも、地元の人たちで主導する。あるいは外部の人に主導してもらいながら、地元の人たちも一緒に汗をかくことで、内発的発展、主体的な関わりを深めていきたい。

たとえば外部のNPO団体や、大学や研究機関が関わったり、あるいは政府や行政関係者、あるいは金融機関やあるいは銀行などが関わることで、地元の小さなアイデアに客観性や専門的な知識や方法論が加えられ、より実現性の高いスキームとして発展できる可能性がある。

（一社）ノオト、（株）NOTEによる「篠山城下町ホテルNIPPONIA」ONAE棟。上左は外観（fig.8）、上右はダイニング（fig.9）、下左は共有部分（fig.10）、下右は客室（fig.11）

NPO法人尾道空き家再生プロジェクトによる「あなごのねどこ」。元は呉服屋として建てられ、長い間空き家となっていた建物を再生した（fig.12）

Step 7 空間資源という場のアセット化：非営利な活動に持続性を担保

地域コミュニティの再生活動をするには、ある程度の資金が必要になる。しかし補助金頼みの資金ではいつか途絶えることになる。したがって空き家や空き地を使ってファイナンスを工夫し、可能であれば出資を仰いでSPC（Special Purpose Company：特別目的会社）を活用しプロジェクト・ファイナンスを構築すれば、空間資源そのものがアセット化（資産化）されて、資金調達のエンジンとなり、事業の透明性と事業の持続性の両方を高めることができる。

あるいはプロジェクト・ファイナンスを構築するのは難易度が高ければ、アセットベースという考え方で進めることもできる。空き家があれば、全部を自分たちで使うのではなく、その一部とか半分とかを貸し出して賃料収入を得よう。その賃料の一部を活動資金に当てることで、経常的な収支のバランスを取ることができて、地域活動に当てる余力を確保できる。

いずれにせよ、事業ストラクチャーを検討し、空間を「アセット」として活用し、資金的な計画の一部として運用することで、空き家はただの空き家ではなく、コミュニティ事業のエンジンとして機能し始める。これがコミュニティ・アセットの醍醐味である。

境界や垣根を取り払う：ボーダレスな開かれた場の形成へ

繰り返しになるが、コミュニティのための場は、開かれた場であり、さまざまなタイプの人が出入りできるような多様性を引き受けて、ありとあらゆる境界を取り除くことが重要である。

たとえば、道路と敷地の境界やフェンスを取り払ってみよう、開かれた敷地が現れる。あるいは、建物の外と室内の境界をより出入りしやすいように工夫してみよう。内部の活動がガラス越しに見えるようにするだけでも、開放性は大きく変化する。こうすることで、まちを行き来する人たちから活動が見えるようになる。可視化され、出入りしやすいように開かれたつくりにすることで、人と人のつながりをスムースに発展させる可能性が出てくる。

まちの中にこういった場をいくつかつくるだけでも、ずいぶんと開かれた交流やつながりができるようになる。かつての日本の家屋は「縁側」を通してこういう社会的な関係を築いてきたのだから、今こそ、失われた縁側としてコミュニティ・アセットという「場」をまちの中につくり出していこう。

(株)コーミンによる「morineki」の商業施設棟。デッキにフェンスがなくオープンに道路や公園と接続する(fig.13)

Chapter 1

民間主導の公共プロジェクト

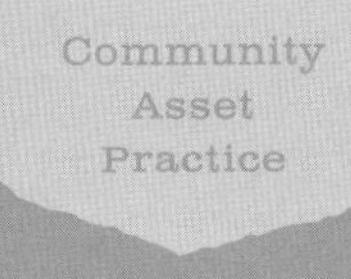

Case 1

地方から生まれた公民連携の最先端事例

Interview

岡崎正信／
株式会社オガール

Project

オガールプロジェクト

「オガールプロジェクト」は、日本初の公民連携によるコミュニティ・アセットだ。保育園や病院を一体化した官民複合施設、サッカー場、バレーボール専用体育館やショップが入った複合施設などが岩手県の小さなまちに建ち並ぶ。元々は“世界一高い雪捨て場”と揶揄された場所が、コミュニティも醸成された住みやすいまちに生まれ変わった。

「オガール広場」

「オガールプロジェクト」から学ぶ実践のポイント

❶ 自立性と継続性を担保したファイナンス・ストラクチャー

リスクを減らしつつ、プロジェクトを事業化することそのものがエンジンとなって、コミュニティ・アセットとして地域の再生・活性化に寄与できる。資金調達と事業化を満たしたうえで、余剰資金を地域のコミュニティのために創出できる。

❷ チーム編成・信頼関係の構築・透明化

行政側のチーム、デザイン側のチーム、事業側のチームをうまく編成し、それぞれが最大の強みを発揮できるようにしていること。それぞれの信頼関係を構築し、それを地域の住民や社会に対して開くことで透明性の高い推進が可能となっている。

❸ 落差の強み・衰退地域だからこそできる技

空き家の再生は難しいが、空き地はさらに難しいともいえる。しかしながら、チャンスは落差にある。見捨てられたからこそ、わかりやすいメリット、コミュニティへの貢献を明確化することで、地域の衰退という落差を反転させることができた。

❹ 持続性・サステイナビリティ

このプロジェクトの最大の強みは、補助金のような一時的なカンフル剤的な効用を狙ったものではなく、むしろ持続することによってより大きい効果を出せるようにデザインされていることにある。その持続性を生み出す仕組みは、アセットとしての資産性が鍵となっている。

地理的メリットが低い地域で誕生した公民連携の事例

「オガールプロジェクト」は、岩手県の盛岡から約20キロ南のごく平凡な田舎町にありながら、公民連携の代表的な事例としてさまざまな書籍に掲載され、国交省や内閣府などからも最先端事例として挙げられている。この先進的な試みは、プロジェクトを牽引した㈱オガール代表である岡崎正信さんの力量はもちろんのこと、ほかのさまざまな偶然の導きがあって奇跡的に成功に漕ぎ着けたように思える。なぜ突然、日本を代表するような公民連携、地域再生の事例がこのような地理的メリットが低い地域で誕生したのだろうか。

塩漬けの土地の再生

㈱オガール代表を務めている岡崎正信さんは、日本大学理工学部土木工学科に学び、地域振興整備公団（現・UR都市再生機構）に入団したのち、建設省都市局（現・国土交通省）に出向して地域再生業務に従事した。その後、父の会社（岡崎建設）を継ぐために紫波町に帰省したが、建設会社の営業職では今までの経歴を活かせないことに限界を感じ、一転、東洋大学の経済学研究科の公民連携専攻にてPPP（Public/Private Partnership）を学び始めた。

前後して紫波町の藤原孝町長は、2007年頃に紫波中央駅の前にある巨大な空き地に岡崎さんを連れて行き、この土地をなんとか活用できないかと相談した。紫波中央駅はJR東北本線のなかでも1998年に開業した比較的新しい駅であり、この駅の西側に広がる10.7ヘクタールの土地を1998年に28億5000万円も掛けて購入したが、その後は税収も減り開発計画も凍結され、10年もの間塩漬けにされ、冬期の雪捨て場として活用される程度で、“世界一高い雪捨て場”と揶揄されていた。

岡崎さんは東洋大学にてPPP研究センター長である根本祐二教授らに指導を受けると同時に、リノベーションまちづくりを推進していた㈱アフタヌーンソサエティの清水義次さんに出会う（当時同センター客員研究員）。その指導のもと、紫波町の塩漬けの土地を再生すべくPPPの手法の研究を進めた。岡崎さんは途中、東洋大学と連携しているフロリダ・ノースマイアミ大学にも出向き、教鞭を務めるフランク・シュニッドマン教授から、アメリカにおけるPPPやプロジェクト・ファイナンスの手法も学んでいる。さらに東京と岩手を行き来するなかで、東洋大学と紫波町は「公民連携の推進に関する協定」を結び、岡崎さんは研究の成果を実現すべく紫波町にて活動を開始した。

なぜ、サッカー場なのか？

岡崎さんらは町役場と協力しつつ、民間側の資金で空き地を再生する方法を検討するなかで、少しづつその計画の輪郭をつくり上げた。地域の徒歩圏の住民、あるいは行政区域の紫波町（人口約3万1000人）にこだわるのではなく、広域の30キロ圏内に住む約60万人をターゲットに、年間30万人の人たちが来てくれるようなプログラムを検討した。しかし新しく建設される町役場に7万人、図書館に17万人を集める目処は経ったが、残りの6万人をどうするかが課題となった。

ちょうどその頃、岩手県サッカー協会が県内にフットボールセンターの建設を検討していることを聞きつけ、その候補地として手を挙げることにした。ほかの近隣行政区がすでに立候補していたため、その当時はまだ知られていない公民連携の手法による推進をアピール。フットボールセンターの家賃収入を年間300万円と設定し、20年間の回収期間を見込んで6000万円の拠出を紫波町役場から引き出した。よって事業総額1億8000万円のうち日本フットボール協会からの9000万と合わせて総額1億5000万円の目途が立ち、岩手フットボール協会はあと残りの3000万円を見込めばよいことになった。これが功を奏し、紫波町がみごとフットボールセンターの建設地として採択された。これで、まずは紫波町に10万人のサッカーコミュニティが訪れる算段が立つことになる。

商業を中心としないプログラム

次に取り組んだのが、図書館や商業施設、マルシェ、広場など「オガールプロジェクト」のコア施設の建設である。この鍵になる図書館はその性格上、利益を出せる施設ではないため通常は行政の自前の費用で建設、運営をするのが一般的である。しかし公共的な目的で使用する“図書館”を民間側のプロジェクトとして取り込むことで、PPP（公民連携）による事業的な構造（ファイナンス・ストラクチャー）が可能になる。オガール紫波（株）を設立してプロジェクト・ファイナンスによるSPC（特定目的会社）を組成し、透明性のある事業方式とすることで、外部資金や公共性のある資金調達や運用が可能になりノンリコースローン（担保なしの融資）を前提とした事業化が可能になった。

まず1棟目の「オガールプラザ」の事業スキームを見てみよう。土地自体は紫波町の所有であるが、使用権を事業用定期借地権として、民間会社のオガールプラザ（株）に貸し出す。オガールプラザ（株）はその土地に図書館等を含むビルを建設したうえで、図書館部分を町に売却し、ほかの収益施設部分は所有したまま、町役場に地代と固定資産税を支払うことにした。町役場はそれによって塩漬けの土地から稼ぐことができるようになった。そしてオガールプラザ（株）側は、残りのテナント（産直マルシェ、ショップ、レストラ

上は美しくデザインされたランドスケープをもつ「オガール広場」。芝の広場やマウンドでは自由に過ごすことができる。
中は「オガール広場」に面したアーケードで開催されるマーケットの様子。
下は「オガールプラザ」内にある「紫波マルシェ」。紫波町の農畜産物や加工品を中心とした生鮮三品が並ぶ

「オガールプラザ」内にある紫波町図書館。多様な企画展やイベントの開催も充実している

◎「オガールプラザ」の事業スキーム

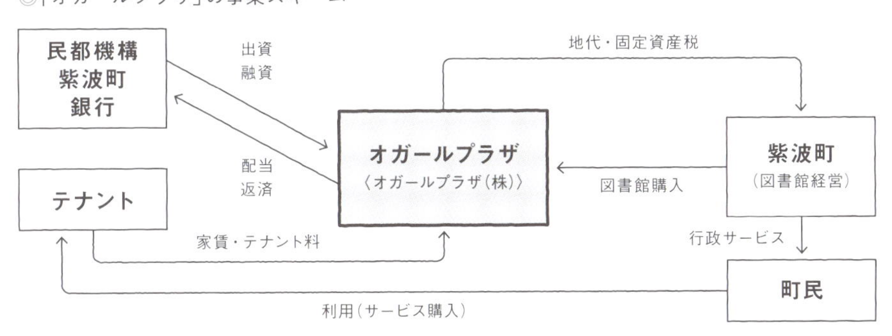

ン、カフェ、クリニック、薬局、進学塾、子どもセンター等)からの家賃やテナント料を収入として、建設費の返済と施設の運営を行っていくことができ、安定した運用利益を確保できる持続性のある事業となった。[上図]

専用体育館の事業化

その後、さらにピンホールマーケティング(一点突破型マーケティング)にて、日本で初めてのバレーボール専用体育館をホテル併設で建設した。岡崎さん曰く、日

本の行政はスポーツ人口が一番多い野球場を建てたがるが、全国に6000もの野球場がすでにあるため、同じものをつくっても十分な活用は見込めない。バレーボールのスポーツマーケットは野球のマーケット規模の1/8しかないとはいえ、日本に一つもないバレーボール専用体育館のほうが勝ち目があると見て、ピンホールマーケティングを遂行した。結果として、全日本チームだけでなく、コロナ禍でも全国の中学や高校のチームが利用してくれ、存続につながった。

そのほか新役場庁舎の建設(PFI方式)、「オガール保育園」、小児科と病児保育を一体化した施設を「オガールセンター」として建設し、後背地には戸建て住宅や社員寮など、高断熱高気密の高い温熱基準にもとづいたエコハウス群を建設することで、新しいライフスタイルを送れる住みやすいまちができあがった。また中央部にはランドスケープの美しい36メートル幅の広場を設けることで、まちの活動に重心が生まれた。まちの人々が自由に広場を活用する様子は「オガールプラザ」の活性化を象徴するかのようだ。

空き地に利用価値を与える“落差”というエネルギー

まず「オガールプロジェクト」のそもそもの始まりは、高く購入したにも関わらず利用できない“空き地”があったということである。しかも売ろうとしても現在の市場価値では赤字が顕在化して不良債権化してしまう。したがって、その土地を売るにも問題があり、何もせずに放っておくのも無駄になってしまう。そこで、その空き地に活用できる価値を発見して再構築する必要があった。

安くなっていることは反面、強みにもなり得る。もとの土地の実質の価値が低ければ低いほど、無理せずに適切なレベルの利用価値を見つければよいということになる。小さな努力で利用価値という十分な差額を生み出せるのだ。その差額、落差がエネルギーとなるわけである。

エンジンとしてのファイナンス・ストラクチャー

見捨てられた土地(=安い土地)に、地域に適切な用途のある建物を建てることで、活用できる価値が生まれ、その生まれるであろう価値を源泉として建設費を調達する。またそのリスクを低減するために、一定の割合の出資を募り、残りを銀行の融資によって事業構造をつくり上げる。行政やメインとなる用途による利用料を確保したうえで、事業経営を安定させつつ、利益主義に走らずに地域の環境やライフスタイルに貢献できるテナントを誘致することで、地域全体の価値や生活のクオリティを上げていくことができるのだ。

文:田島則行

オガールプロジェクト

◎概要：
日本初の本格的な公民連携による不動産事業。ポテンシャルの低い住宅街におけるまちづくり。10年以上塩漬けになっていた行政の土地を再生し自立した財務体質を確立、証券化などの仕組みも活用。
◎運営：(株)オガール
◎所在：岩手県紫波郡紫波町
◎用途：町役場庁舎、保育園、官民複合施設(図書館、情報交流館、クリニック、マルシェ、子育て支援センター、物販、飲食等)、民間事業による複合施設(バレーボール専用体育館＋宿泊施設、物販、飲食等)、多目的スポーツ施設、サッカー場、戸建て住宅
◎構造・規模・延床面積・竣工：
・岩手県フットボールセンター：サッカー場1面・2011年4月
・オガールプラザ：木造＋RC造・地上2階建て・約5822㎡・2012年6月
・オガールベース：木造一部RC造・地上2階建て・約4267㎡・2014年7月
・エネルギーステーション：平屋建て・約155㎡・2014年7月
・紫波町新庁舎：木造一部RC造・地上3階建て・約6650㎡・2015年5月
・オガールセンター：RC造一部木造・地上2階建て・約1189㎡・2016年12月
・オガール保育園：木造・地上2階建て・約1192㎡・2017年4月
◎事業の形式・公的資金：
・岩手県フットボールセンター：PPP方式・費用総額：約1.75億円、うち町の支出額：約0.6億円、日本サッカー協会補助金：約0.75億円
・オガールプラザ：PPP方式・費用総額：約10.7億円、うち町の支出額：約8.1億円、社会資本整備総合交付金：約2.8億円、民都出資：約0.6億円
・オガールベース：事業者公募・費用総額：約7.2億円、うち木造建築技術先導事業補助金：約0.92億円、その他金融機関融資
・エネルギーステーション：随意契約・費用総額：約5億円、うち地域の再生可能エネルギー等を活用した自立分散型地域づくりモデル事業補助金：約1.5億円
・紫波町新庁舎：PFI(BTO方式)・費用総額：約33.8億円、うち木造建築技術先導事業補助金：約2.77億円
・オガールセンター：代理人方式、定期借地権設定・費用総額：約3.1億円、うち町の支出額：約0.4億円
・オガール保育園：事業者公募・費用総額：約3.3億円、うち町の支出額：約2.2億円、保健所等整備補助金：約1.98億円、その他金融機関融資
・オガールタウン：分譲・エコハウス高断熱住宅57戸を分譲
◎元の用途：空き地

Case

2 官民連携によるまちの交流拠点

Interview

内山博文／
つくばまちなかデザイン
株式会社

Project

co-en

つくばまちなかデザイン㈱は、さまざまなチャレンジが生まれる筑波の交流拠点「co-en」の運営を担う。このつくば市の第3セクターを官民連携で率いるのが内山博文さんだ。ここでは内山さんから"人と人とのつながり"を生む手法をどのように学び事業化し得たのかを探っていく。

「co-en」内の「Beer & Cafe Engi」

内山博文さんから学ぶ実践のポイント

❶ 人と人をつなげるのがアセット事業の醍醐味

コーポラティブハウス事業の経験を活かして、建築の再生やまちづくりを推進。人と人をつなげるのが事業の核心であると気づくことで、コミュニティ・アセット事業化の醍醐味に取り組んでいる。

❷ 場の力を活かしたリノベーション

各建物のもつ場の特性を活かしてリノベーションをすることによって、新築を上回る経済性と有用性を引き出す。既存建物の元の用途に縛られず自由にリノベーションすることが、場の力を引き出すことにつながる。

❸ 事業のストラクチャー化による持続性

通常の不動産事業でよく行われるスペース貸しによる事業化ではなく、人と人をつなぐ事業とするために、地域の価値を向上させるような事業のストラクチャーにもとづく資金調達など、持続性のある枠組みを構築。

❹ 官民連携だが民間主導、の強み

つくば市の第3セクターとしてのつくばまちなかデザイン（株）に、元々は民間で力を発揮してきた内山さんらが加わることで、官民連携ながら、縦割りに陥らず多様な取り組みを行える民間主導の組織となった。

“人と人のつながり”を生む手法を学ぶ

つくば交流拠点「co-en」を運営する官民連携の組織、つくばまちなかデザイン(株)を率いるのが内山博文さんである。内山さんは不動産事業を通じて“人と人のつながり”を育むスペシャリストともいえる。ここでは内山さんが筑波におけるエリアマネジメントを手掛けるまでになった経緯やどのように“人と人のつながり”を生む手法を学び、それを事業化し得たのかを探っていく。

コーポラティブハウス事業を経験：(株)都市デザインシステムにて

内山さんは(株)都市デザインシステム[現・UDS(株)]にて、先駆けてコーポラティブハウスを実現してきた経歴がある。通常の分譲マンションへの疑問から生まれた事業がコーポラティブハウスであり、それぞれの家族が希望どおりにカスタマイズして特徴のあるプランと広さの住戸に住めるように工夫した仕組みは、注文住宅と集合住宅のいいとこ取りをしたものである。

しかしこれを実現するには、人の集まりを先にして住民で構成される組合を結成し、初めて会った人たちが歩調を合わせて土地の購入から設計、施工、そして完成まで進む必要があり、その当時はかなりのリスクがあるプロジェクト形式であったともいえる。集まった住民がちょっとしたきっかけで揉めごとを起こしてしまえば、住民組合が不安定になり、プロジェクトそのものが進まなくなる可能性があった。そのコーポラティブハウスの住民組合を組成して、人と人とのつながりを育んできた経験が、その後の不動産事業の強みにつながっている。

建物の再生を人のつながりに：(株)リビタでの試み

内山さんはその後、東京電力(株)と(株)都市デザインシステムが組んで設立した(株)リビタにて、古い建物をリノベーションにより再生することで、独身寮をシェアハウス「シェアプレイス」に、あるいは工場跡地をシェアオフィスを含む複合施設「TABLOID」に、商業ビルを「シェアホテルズ：HATCH金沢」に、そして団地をシェアハウス「たまむすびテラス」として再生するなど数々の先駆的プロジェクトを世に送り出した。

その当時、どのディベロッパーも古いビルを事業化することにはまだ躊躇していたが、古い建物の味わいを残しつつ、リノベーションであることを逆手にとって事業化する手法は世の中の流れを先取りしており、シェアをすることで使う人の要望を最大化する空間および仕組みのつくり方は大きな成果を生み出した。

シェアハウスにおいては、個々のスペースは個室で狭くとも、共有のリビングやダイニングルーム、あるいはキッチンにはたっぷりとした空間を、あるいは屋上テラスやシアタールームなども用意するなどシェアハウスの原型をつくり、そのあとに続くシェアハウスブームに火を付けたといっても過言ではない。

リノベーションを社会の力に：二つの企業の立ち上げ

内山さんが会長を務めている（一社）リノベーション協議会においては、日本全国に広がる733社（2024年6月現在）ものリノベーション事業者をネットワーク化し、そのブームを全国区に広げてきた。リノベーションされたマンションでも安心して購入できるように適合R住宅などの規格を定め、「リノベーション・オブ・ザ・イヤー」というリノベーション作品の表彰を行い、「リノベーションEXPO JAPAN」という全国規模のイベントを開催したりと、“リノベーション”という考え方を社会の力・スタンダードとして普及させる役割を果たしてきた。

2016年には独立し、不動産・建築・リノベーションのコンサルティング事業を行うu.company（株）と、不動産の再生・事業化検討から企画設計・運用までを行うJapan. asset management（株）を立ち上げて、引き続きリノベーションによる不動産の再生を推進している。

筑波におけるエリアマネジメント：つくばまちなかデザイン（株）

つくば市のプロジェクトに関わるようになったのは、つくば市からHEAD研究会につくば市の問題の解決策の提案を依頼された際に、HEAD研究会と一緒にその企画提案を行ったことがきっかけである。

つくば市は茨城県の農村地帯であったが、1960年頃から開発されて筑波大学を有する研究学園都市として発展してきた。いわば国が推進してきた人工都市であり、画一的な区画割による大きな建物で構成されるまち並みとなっている。同時代に

「つくばセンタービル」。磯崎新による設計で1983年に竣工した。日本のポストモダニズム建築の代表的な作品

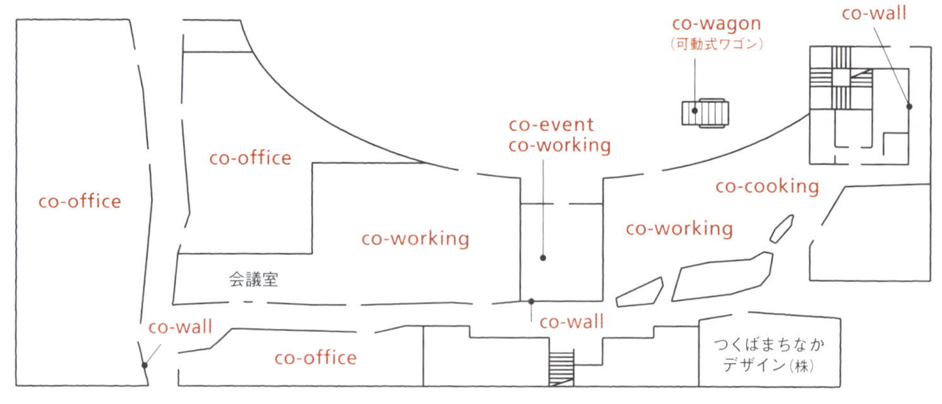

◎「co-en」平面

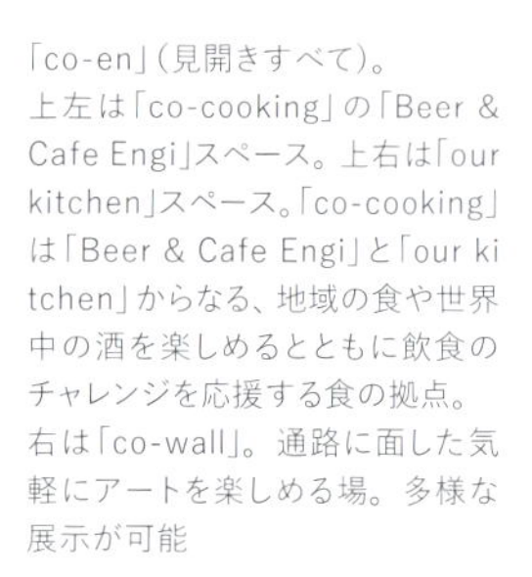

「co-en」(見開きすべて)。
上左は「co-cooking」の「Beer & Cafe Engi」スペース。上右は「our kitchen」スペース。「co-cooking」は「Beer & Cafe Engi」と「our kitchen」からなる、地域の食や世界中の酒を楽しめるとともに飲食のチャレンジを応援する食の拠点。
右は「co-wall」。通路に面した気軽にアートを楽しめる場。多様な展示が可能

「co-working」。ワークスペース、コミュニティスペース、ラボ、教室として使える多目的なスペース。集中して仕事や作業ができるスペース、話したり交流したりするスペース、カフェのような雰囲気のスペースの3ゾーンに分かれ、その日の気分に合う座席を選択することができる

上左は「co-working」、上右は「co-event」。「co-event」はさまざまな人がチャレンジでき、交流が生まれる場所。イベントがないときは「co-working」として使い、イベント時はイベント専用空間となる。
左は「co-wagon」。アンテナショップやチャレンジショップなど多様な使い方ができるワゴン。移動ができるため、さまざまな場所に出店できる

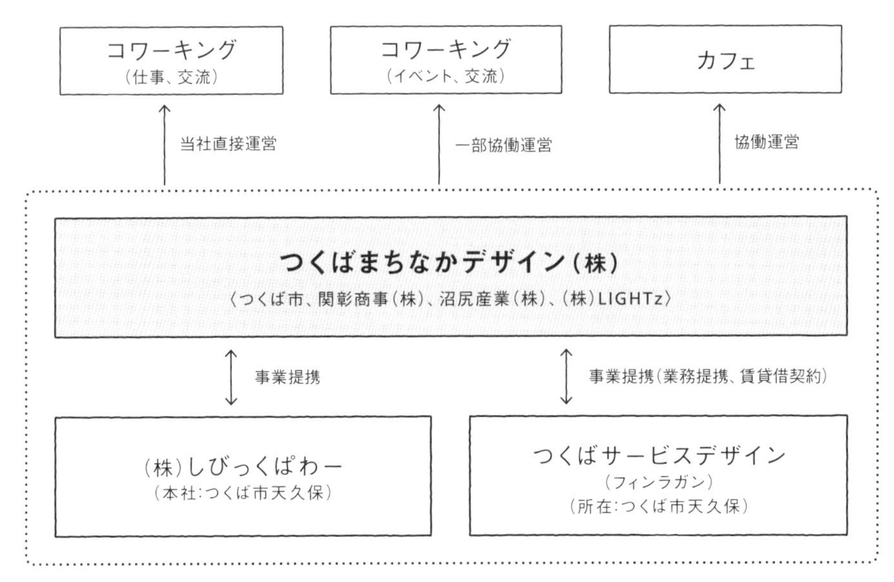

◎「co-en」の事業ストラクチャー

一気に開発されたニュータウンでありながら、近隣地域からの流入が続いて2035年までは人口増の見込みである。しかし中心地域を支えてきた官舎の廃止により、今後は民間のマンションが建設される予定であるが、中心市街地周辺の衰退に加え郊外の大型ショッピングモールの台頭もあり、徐々に商業施設の店舗が撤退して空洞化し、西武デパートも2017年に撤退を決めたことで、求心力の低下が決定的となった。そこで空洞化していた「つくばセンタービル」（1983年竣工、磯崎新設計）をテコ入れすることで地域コミュニティの再構築を目的とした計画の提案が行われた。店舗のあった1階部分の約1800平米のテナントスペース部分が全面的に見直されることになり、つくばまちなかデザイン（株）がまちづくり会社として「自分のものさしで多様なライフスタイルが選択できる新たなまちを創る」ことをビジョンに、第3セクター方式（つくば市持ち株比率49.59%）で設立された［上図］。

つくばの交流拠点：「co-en」

1983年に竣工した「つくばセンタービル」は、1階部分はテナントスペースとして活用されてきたが、つくば市周辺の大型商業施設の登場などにより徐々に活力を失いつつあった。そこで住宅以外のコンテンツや企業誘致を図り、つくば市のこれからのブランド戦略として、前述のつくばまちなかデザイン（株）が主体となってこの1階部分を活用し、筑波を拠点に成長する企業や活動する人を応援する拠点として整備することになった。いわば新しい企業を育てるためのインキュベーション施設でもあり、ワークスペースでもありながら、市民のためのコミュニティ・スペースでもあり、あるいは筑波の研究者や学生や子どもらも集まって、さまざまな関係者が集い、つながり、まちの活力を育んでいくような場づくりを目指している。

2022年5月にオープンしたこの施設「co-en」は、シェアオフィスやカフェやコミュニティ・スペースなど、さまざまな機能を有し、市民を含め多様な人々を受け入れられるようになっている。具体的には、ワークスペースでありコミュニティ・スペースであり、ラボでもある「co-working」スペース。スタートアップ企業を支える「co-office」スペース。あるいは飲食のチャレンジを応援する食の拠点「co-cooking」スペース。つくば駅前でさまざまな交流やイベントができる場所「co-event」スペース。そしてアーティストのための「co-wall」、あるいはお店をやりたい人たちのための「co-wagon」スペースがある。

これらが一体的に拠点として稼働しつつ、つくばまちなかデザイン㈱はつくば市のまちづくりを推進・コンサルティングするエンジンとしての役割が期待されている。

文：田島則行

co-en

◎概要：
つくば市の活力をになう交流拠点として新設された。「つくばセンタービル」1階部分の約1800㎡のテナントスペースをリノベーションし、シェアオフィスやカフェやイベントスペース、コミュニティスペースを備えた。
◎運営：つくばまちなかデザイン（株）
◎設計：／360°納谷新
◎所在：茨城県つくば市
◎用途：企業と市民の交流拠点
◎構造・規模：RC造・地下2階地上12階建ての1階部分・施設全体3万2902㎡のうち約1800㎡
◎完成：1983年築、2022年5月オープン
◎事業の形式：第3セクター方式（つくば市持ち株比率49.59％）
◎アセット規模：co-working：約 295 m²、co-event：約70m²ほか
◎元の用途：テナントフロア

Case

3 公民連携による集合住宅団地の新しい近隣空間

Interview

入江智子／
株式会社コーミン

Project

morineki

古くなった市営集合住宅団地の建て替え事業として実施された「morineki」プロジェクト。団地の公民連携の先駆的な事例である。集合住宅、商業施設、オフィスのそれぞれが公園とつながり美しいランドスケープを構成する。

「morineki」集合住宅棟

株式会社コーミンから学ぶ実践のポイント

❶ 右肩下がりの状況を活かした公民連携プロジェクト

人口が減少し行政の財政規模が縮小するなかで、まちのセーフティネットだったはずの集合住宅団地の維持管理が難しくなっている。このような状況下のため市の負担をできるだけ減らし、むしろ収入を増やしながら、民間におけるパブリックマインドの高い事業を可能にする。人口減少時代の新しい公民連携の理想がここにある。

❷ リスクヘッジを可能にしたプロジェクトファイナンス

大東市は底地を保持し、そこから地代家賃や固定資産税を確保しつつ、民間側はSPC（特別目的会社）によるプロジェクト・ファイナンスによって資金の動きをガラス張りに。住宅部分は市が一括借り上げをすることで、その賃料収入が民間事業の持続・安定性に寄与する。いわば行政は税収が増え、民間は安定した経営ができるという、リスクヘッジを可能にした仕組みである。

❸ シームレスな境界のつながり

各用途ごとの区切りはできるだけなくし、シームレスにつながるように工夫されている。公園にフェンスはなく、商業施設と地続きに一体化し、集合住宅の中庭もこの公園と接続している。まるで公園の中に住んでいるか、あるいはまちが商業施設や公園と一体化してエリアの価値が向上したように感じる。

❹ 開かれた集合住宅団地のポテンシャル

高齢者らが多く住む集合住宅の玄関は、プライバシーを重視した従来型の鉄扉は採用せず、ガラスの掃き出し窓にして気配が感じられるように。玄関先にはベンチを配し、かつての縁側のような空間とした。まちのつながりと相互扶助のある住民同士の関係がかたちづくられ、忘れられてきた素敵な近隣空間（ネイバーフッド）が現れている。

公民連携を目指した大東市の英断

大阪府東部にある人口約12万の大東市は、梅田駅から電車で20分ほどの位置にあり、すぐ東側は飯盛山に接する自然豊かな環境にある。大東市では老朽化した市営住宅850戸に加え、3100戸の府営住宅の移管が予定されており、その維持や建て替え費用が財政の大きな負担となっていた。こういった課題に対して解決策を模索していたところ、当時の大東市長が、出席したセミナーにて公民連携による「オガールプロジェクト」と出会い、その事例こそが大東市における市営住宅事業の今後のあり方の指針になるのではと考え、公民連携推進室の前身となる地方創生局を2015年10月に設置して公民連携プロジェクトに乗り出した。

その当時、元々大東市の職員として市営住宅営繕を担当していた入江智子さんは、この地方創生局に異動して公民連携についての研究を進めていた。やがて木下斉さんらが進めている「公民連携プロフェッショナルスクール」(現都市経営プロフェッショナルスクール)に参加した上司から「オガール暖簾分け研修」のことを知らされ、自ら手を挙げて参加することにした。2016年4月より岩手県の(株)オガールの岡崎正信さんのもとで9ヵ月間に渡るPPP(Public/Private Partnership)の実践について学び、その成果を大東市にもち帰った。

大東市の職員であった入江さんであるが、公民連携の「民」の部分を担う(株)コーミンに3年間の限定で退職派遣され、事業の推進を担当した。当初はいずれは誰かにバトンタッチして市の職員に戻る選択肢も残されていたが、事業の目鼻が付いてきた頃に市長から代表取締役の就任を促され、最終的には自らの決断で市の職員へ戻る切符を破棄して、代表取締役に就任した。

市と民間のもちつもたれつの関係がもたらすポジティブな効果

「morineki」(モリネキ)と名づけられたこのプロジェクトは、大東市の北部にある四条畷(しじょうなわて)駅から東に徒歩5分の住宅街に位置する。敷地は7850㎡で大東市が所有しており、元々は昭和40年代に建てられた144戸の市営住宅と公営浴場、そして都市公園があった。老朽化によりこの市営住宅の建て替えを検討している過程で、市の財政への負担を軽減し、かつ住民らの賑わいや暮らしの向上にもつながる公民連携によるプロジェクトが検討された。集合住宅部分は数を減らして2階～3階建てが6棟で74戸とし、民間側〈東心(株)〉の負担で建築する。L字型をした敷地全体の角にあたる中央部分には、大東市による都市公園が配置され、そこを挟んで東側に配置されたのが、民間側で建設する約1500㎡の商業施設である。集合住宅部分も合わせれば延床面積は全部合わせて5270㎡で、総工費は16億円ほどである。

セーフティネットとしての市営住宅の建設は民間側で行うが、市が一括で借り上げることで事業としての安定性を確保し、公園部分の開発は市が行って草刈り等の業務は民間側に委託する。そして、商業施設部分は、民間で建設と賃貸の両方のリスクを負う。

つまりポイントは、市はイニシャルコストを最小化でき、さらに一部を借り上げるため民間側の賃貸事業は経営的に安定することだ。事業のリスクは減り持続性は向上する。また民間側は創意工夫で、市営の集合住宅団地ではなかなかできない新しい住まい方やまち並みの提案ができる［下図］。

商業施設部分の2階には大阪の都心部から移転してきた㈱ノースオブジェクトの本社社員約70名が働くオフィスが入居し、同じく彼らが運営するレストラン、ベーカリー、食堂、アパレルショップ、ワークショップ店らが1階部分に入居してまち並みに彩りを与える。同社は北欧をテーマとしたライフスタイルや女性向けのファッションを展開しており、「morineki」のまち並みにフィットしたコンセプトを展開すると同時に、ワークショップを体験できるサービスを行ったりと、住民らが自ら参加して横のつながりを育み、まちづくりそのものが具現化していくために重要な役割を果たしている。

またトレイルランニング専門のアウトドア専門店「ソトアソ」が公園に隣接したレストランの横に入居することで、ランドスケープはあたかもPark-PFIのような一体感が形成されている。「ソトアソ」もまた、背後に立つ飯盛山に顧客と一緒にトレイルランをすることで、環境と交わりながら地域に根付く活動を行っている。

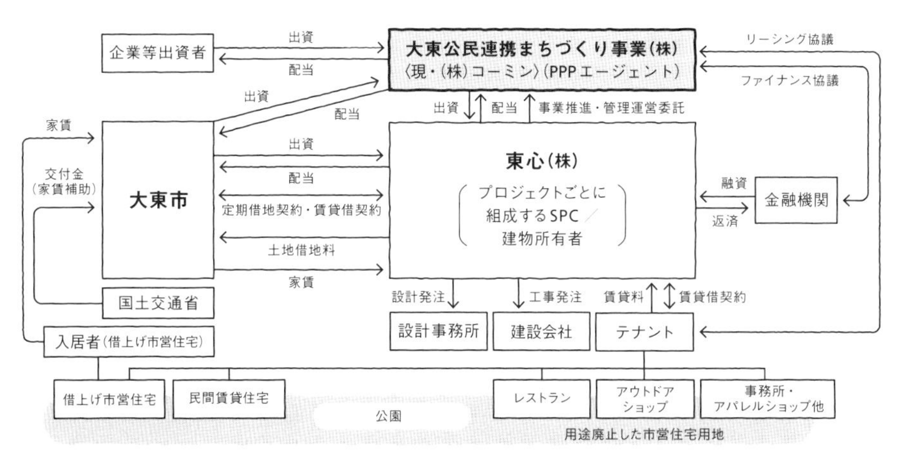

◎「morineki」の事業ストラクチャー

「morineki」商業施設棟（左3点）。フェンスがなくオープンに道路や公園と接続するため、一体的に計画されたように見える。デッキを公園に隣接させることで公園の中で食事をするような雰囲気が醸し出される（上）

「morineki」の集合住宅棟（右3点）。入口と中庭がシームレスにつながる。入口付近は縁側のような人々が交流するスペースとなっている

持続的かつ安定性のある事業スキームとファイナンス

ここで「morineki」の事業スキームを整理しておきたい。まず土地は底地として市が所有する。今まで1円も生み出していなかった土地であるが、定期借地契約で地代約1000万円、固定資産税が400万円も市に入るようになった。

建設費には補助金は一切使っていない。設計費や外構の整備費なども含めた初期投資額は16.3億円。そのうち6億円が市からの出資で、残りの10.3億円が地域の金融機関からのプロジェクト・ファイナンスで、担保のいらないノンリコースローンによる融資であるから、自治体が赤字になった場合でも補填をする必要はない。そして市の出資部分の6億円のうち、4億円には買取請求権を付け、返済後は民間側で買い取る。残りの2億円については配当を出すかもしくは家賃減額を行う。

建物を所有するのは、SPC（特別目的会社）の東心（株）である。東心（株）は（株）コーミンの出資により2017年6月に設立された。想定しうるリスクは回避して、倒産しない第3セクターとして計画されている。

高齢者らの住む借り上げ住宅では、家賃は低く抑えながらも国と市からの家賃補助を加えることで、賃料収入としては民間賃貸住宅並みの家賃に上げることができる。そして市営住宅（20年）、商業テナント（10〜15年）、駐車場などを合わせた年間の賃料収入は約1億円。利回りは6.25%となっており、安定した収入が確保されている。また借り上げ賃貸住宅部分は徐々に借り上げ数を減らすことで市側の負担を減らしつつ、民間基準で若い世代の入居を促し、まちの新陳代謝を図りながら、環境の維持が計画されている。

境界をぶち壊せ：シームレスな環境の形成

こういったプロジェクト組成の工夫もさることながら、「morineki」は、敷地環境や異なる用途を相互にシームレスにつないでいくことで開かれたまちの連続性を向上させ、このエリア全体の価値向上につなげている。

商業施設部分はフェンスもなくオープンに道路と接続しており、まちを行き交う人々が気軽に立ち寄れる。また商業施設から公園につながる部分もわざとレストラン棟を公園側に食い込ませた配置とし、あたかも公園と商業施設が一体的に計画されたかのように見せている。張り出したデッキ部分では、公園の中で食事をするような豊かな雰囲気がつくり出されている。

さらにこの公園は集合住宅の中庭にまでつながっている。各集合住宅の玄関は鉄扉で固く閉じるのではなく、オープンな引き違いの掃き出し窓としている。その前にはベンチを設けて各住戸を自然にまちと接続させ、住民と行き交う人が言葉を気軽に交わすことできる。住む人た

「morineki」敷地内に
立てられた配置図

ちが気配をやりとりしながら孤立を感じないまち並みが形成されているのだ。

こういった各用途間の境界は取り払っておらず、用途区画がきちんと取られている。商業施設は商業施設、公園は公園、そして集合住宅は集合住宅として境界はあるものの、その境界の位置はそれぞれを孤立させないよう回り込むように接続させることで、住民らはまったくその区分けを意識せずに自由に行き来できる。

平日には近隣の大学生や子ども連れが公園を訪れ、休日にはファミリー層や女性客で賑わう。住民の高齢者らもそういった世代を超えた行き交いを眺めながら、この素敵なまち並みや雰囲気に囲まれることで、孤立せずにまちに溶け込むことができるだろう。

文：田島則行

morineki

◎概要：公民連携による新築の集合住宅団地。集合住宅、商業施設、オフィスが公園とシームレスにつながり、美しいランドスケープを構成する

◎運営：(株)コーミン、大東市

◎設計：ブルースタジオ・石本建築事務所設計監理共同体

◎所在：大阪府大東市北条

◎用途：集合住宅、商業施設、オフィス、公園

◎敷地面積・延床面積：7850㎡(公園部分3100㎡を除く)・5270㎡

◎構造・規模：木造・平屋～3階建て

◎完成：2021年竣工

◎事業の形式：集合住宅では所得に応じ、1LDKタイプで1～2万円程度、2LDKタイプで1.5～3万円程度を市に納める。建物を所有する特別目的会社の東心(株)には市と国の家賃補助が加わるため、民間賃貸並みの家賃(国土交通省基準近傍同種家賃)が入る

◎総事業費：16億円(公園整備費除く)

◎アセット規模：集合住宅は6棟全74戸。うち旧・市営住宅が62世帯、新規入居者12世帯。1LDKタイプ(36.27㎡)：44戸。2LDKタイプ(49.70㎡)：30戸

◎元の用途：旧・市営集合住宅団地

コミュニティ・アセットの地平を開いた先駆者の心得

岡崎正信　株式会社オガール

経済活動と一体になったアメリカのまちづくり

――岡崎さんがコミュニティ・アセットの可能性に気づいたのはいつ頃からでしょうか？

岡崎：大学院でアメリカ留学をしたときに、ケーススタディとしてテネシー州の「チャタヌーガの奇跡」と呼ばれる有名な地域再生ストーリーについて研究をした頃でしょうか。

チャタヌーガのまちづくりは、政府の政策実施機関ではなく、コカ・コーラ社の出資で行われたものでした。

なぜかというと、1899年にチャタヌーガにアメリカ南東部最大のボトリング工場が建設されましたが、60年代には鉄鋼業が原因で大気・水質汚染が生じると、それに伴って治安が悪化し、良い働き手が少なくなったためです。

日本には企業が来さえすれば働き手も集まるという盲信がありますが、アメリカの企業はそもそも良いまちに拠点を置きたいと考えます。そのような風土の違いもあって、働き手を集めるためにもまちをつくり直す必要があるとして、コカ・コーラ社がCDC（Community Development Corporation：以下、CDC。本書「Introduction コミュニティ・アセットへの提言」参照）に出資することになりました。このようにアメリカでは経済活動とまちづくりが一体で考えられる土壌があって、その違いに興味をもちました。

――アメリカでは社会に良い投資をする民間企業には税制の優遇処置があったりと、経済活動とまちづくりが連動しやすい仕組みがありますね。しかし日本ではそのようなメリットが制度として整備されていません。

一方、日本ではまちを良くするためにつくる公共施設やまちのインフラに対して、行政は助成金を出します。そうでないと誰もやってくれないためですね。ただ助成金が出ている間だけは動く人も増えるけれど、助成金が引き上げられた途端に誰もいなくなってしまう。

岡崎：助成金や補助金はバランスシート（賃借対照表）を非常に歪にしてしまいます。ですから運営そのものが健全であることがまちづくりにおいては必要条件なのです。

批判も受け入れ前向きに進めることが実現の秘訣

――日本でコミュニティ・アセットを実現した「オガールプロジェクト」（以下、「オガール」）が成立したのはなぜでしょうか。

岡崎：「オガール」では政府版エンジェル投資家ともいえる（一社）民都機構が中間支援組織に近い役割を担ったからですね。しかしそもそも（一社）民都機構を使いこなすには相当なスキルが必要です。つまりつくることよりも完成後の経営を成功させるための経営力やマネジメント力が問われます。そこで自分の培ってきた経営スキルが貢献できたかなと思います。

「オガール」では私は建物にのみ投資をしています。バレーボール専用体育館と宿泊施設の入った複合施設「オガールベース」です。当初、約36メートル幅の広場の反対側には文教施設である図書館があって、旅館業法によりその100メートル以内にはホテルはつくれないとされました。その規制はラブホテルをつくらせないためのものですが、なぜか普通のホテルや旅館も禁止にされています。

（株）オガールが牽引したプロジェクト「オガールプラザ」。中央の広場は市民の憩いの場

ただ地元の町長など、地方公共団体の長が許可を出せば認められますが、そのような許可は出し渋られるのが一般的です。許可理由の説明が面倒だからですね。

「オガール」の場合には、町長にホテルをつくってよいか聞いたところ、逆に「駄目なの？」と言われました（笑）。旅館業法の説明をすると、「つくっていいですよ」と。制度で許された枠組みのなかだけでやるのではなく、良いと思うことであれば、制度を変えればいいと考えることができる。これが紫波町が「オガール」を成功させ、今でも公民連携最先端といわれる自治体であるゆえんですね。

――それは紫波町が良かったのか、岡崎さんの説得が良かったのか、どちらでしょうか？

岡崎：じつは議会からはまったく信用されていませんでした。PPP調査特別委員会が議会にできて、それは別名「岡崎正信調査特別委員会」と呼ばれていました。それほど信用がなかったということです。悔しかったですが、とにかく成果を出すしかないと。そして応答は常に前向きであることを心掛けました。「議員さんがあやって一生懸命僕のことを審査してくれたから、私も気合が入りましたよ」という具合にですね。そんなふうに批判もいったん受け入れたうえで前向きに進めていくと、今度はどんどん応援してくれるようになる。こういうときは、対立すると駄目なんです。どんなにけんかを売られても、僕はけんかはしないことにしています。

――それはたいへんでしたね。岡崎さんと同じことを考えた人も、これまでいたかもしれません。ただ実現したのは岡崎さんが初めてでした。70回以上の審議のどこかで、心折れて諦めてしまったら、このプロジェクトも消えさっていたわけです。諦めず乗り切って実現したことで、日本でCDCを実施するのは無理だといわれていた状況が覆ったんですね。

岡崎：プロジェクトのストラクチャーと関係性を考えるときにベースになるのは、結局プロジェクト・ファイナンスです。

33億円のうち、27億円は無担保・無保証のプロジェクト・ファイナンスでした。ですから議会からは、体育館の6億円については「悪いけれど担保を取らせてもらう」と言われました。僕でさえ不安なくらいでしたから、それは仕方ないですね。

公共施設の証券化でベースになるのは、先述した通り「どれだけ稼げるのかという未来予想図をきちんと描けるかどうか」なんですね。それをいかに厳しく見積もれるかが肝要。銀行にお花畑のような事業計画を持っていってしまったら、「誰がやっても儲かるようなプロジェクトならば、自分たちだけで借金して進めてはいかがですか」と言われてしまいますから。

プロジェクト・ファイナンスは右肩下がりの地域でも有効

――「オガール」ですごいのは、右肩下がりの地方都市でコミュニティ・アセットを実現してみせたことだと思います。それまで不動産証券化は都会や地価の高い場所でしか成功しないだろうといわれていました。しかし、アメリカでもCDCによるプロジェクト・ファイナンスはじつは右肩下がりのところでこそ、実力を発揮しているんです。

岡崎さんは、利益も出ないし人も集まらないだろうといわれて、銀行さえ融資してくれないようなところでこそ、プロジェクト・ファイナンスが活きるのだということを日本でも証明してくれました。

岡崎：プロジェクト・ファイナンスは右肩下がりの地域でもきちんと活かせます。なぜかというと、土地が安いということを価値に変えるだけの話ですから。つまり建物の不動産価値よりも使用価値のほうが高ければ、その落差で建物の建設費用も工面でき、さらに事業が回る。さらにわかりやすく言うと、東京の都心でできないことを、土地が安いところでやればいいという話です。

――ただ「オガール」は岡崎さんのようなタレントがいたから成功したのであって、ほかの人にはできないのではと躊躇している地域があるかもしれませんね。

たとえばアメリカでは中間支援施設と呼ばれるLISC（Local Initiative Support Corporation）という企業が38の主要都市で支援業務をしたことで、5000以上ものCDCが誕生しました。

日本でも岡崎さんのような人が中間支援組織をつくりノウハウを伝授すれば、日本全国に1000〜1500ぐらいの空き家再生組織ができて地域再生に貢献することも夢ではありません。

岡崎：アメリカではCDCのマネージャーの移籍マーケットがあって、成果を上げた人は裕福なCDCから「年俸何億円でうちに来てくれ」と言われるんですよ。アメリカと日本では行政機構がまったく違いますが、コミュニティ・アセットが成熟してキャリアを積んだ人が多く輩出されれば、一気に広まる可能性はありますね。

（聞き手：田島則行）

自ら編み出した公民連携の団地づくりの手法

入江智子　株式会社コーミン

市の財政負担を増やさない
団地がまちの価値を上げていく

──入江さんの手掛けられた「morineki」はコミュニティ・アセットを実現されたたいへん良い事例ですが、日本でこの手法を普及させるにはどうしたらよいでしょうか。今のところ、「オガールプロジェクト」をプロデュースした(株)オガールの岡崎正信さんのような特殊な経験をもった方でしかできないと思われてしまいがちです。

入江：岡崎さんは10年間くらいの紆余曲折を経てオガールをつくられました。私はその岡崎さんから学ばせていただくことで、ずっと公務員で商売などしたこともなかったのに、コミュニティ・アセットを実現することができました。そんなふうに支援してもらえることができれば、誰にでもできるものだと思います。

──「morineki」をプロデュースしていくうえでコミュニティ・アセットのポイントとなったものは何でしょうか。

入江：市の財政負担を増やさずにセーフティネット住宅を供給しながら、かつまちの価値を上げていくということですね。実際に土地の賃料に加えて入居企業からの法人税も入るし、地価も上がるし人口も増えているしと、市にとってもかなりプラスの価値を与えることができました。

──公民連携のコミュニティ・アセットの事例のなかでも、住宅とショップとオフィス、公園がセットになったものは日本初ではないでしょうか。このような住宅を中心とした都市再生はもっと広まる可能性があるのではないかと思います。

入江：確かにそうですね。公営住宅は全国に約714万戸あり、建て替えが厳しい状況下にある集合住宅団地も多いですから、できる団地がたくさんあるはずです。

――アメリカにおいて、公共的なプロジェクトをプロジェクト・ファイナンスで民間が請け負うという公民連携の手法が生み出されたのは、政府を小さくして税金の負担を減らすのが目的でした。

政府が集合住宅を開発・所有するのではなく、民間に建ててもらい、それを支援する立場に回ったのですが、これは今後税収が減っていく日本にとって参考になる手法です。

「morineki」ではアメリカの公民連携と非常に近い仕組みを経験や使命感で自ら編み出したのが本当にすごいと思います。

入江：「morineki」の仕組みは全国でもここでしか使われていないのですが、PFI（Project Finance Initiative）ではなく公民連携にして、民間側が持続的に経営に携わることが大きなポイントです。公営住宅のPFIはやはり従来の公共事業の枠を出ておらず、アセットの所有権を市に移行することが前提なので民間側は空室リスクを取ってないし、公共の負担も最終的には減りません。

――そうですね。「morineki」は民間が最後に責任をもつかたちで、市役所はむしろ後押ししてドライブする役割を果たしているように思います。倒産しないSPC（特別目的会社）にしてファイナンスをガラス張りにし、公共性を上げておきつつ、民間が最後まで責任をもつ。この方法できちんと完遂できたのは、「オガールプロジェクト」以降では初めてだと思います。

（株）コーミンが牽引した集合住宅団地「morineki」。集合住宅の玄関まわりは縁側のように庭へとつながる

入江：市が住宅部分の一括借り上げをし、その間は市と国が家賃補助をすることで民間側の家賃収入は近傍同種家賃まで上げられています。借り上げ期間である20年間は住宅部分の家賃収入がしっかりと見込めるからこそ、商業施設棟を含めた建設費に掛かる融資が付いたといっても過言ではありません。実質的な負担は限定されているものの、市が民間側の自立性と持続性に寄与しているといえます。

境界を取り払い 高齢者の見守り機能を高める

――じつは“団地”こそが日本の住宅に最初にプライバシー優先の住宅をもたらしたものではないかと考えています。鉄扉の玄関扉をもち込んだことで、縁側文化のような、近隣と対話しながら育む相互扶助の伝統的なコミュティが壊れてしまったのではないでしょうか。「morineki」ではその鉄扉を廃止して、気配を感じられるように開いたのはさすがだと思いました。

入江：鉄扉は絶対に止めたかったのです。それこそ私は市職員だった18年間に、団地の担当者として鉄扉の内側で孤独死している場面に何回も遭遇してきました。

「morineki」では玄関付近が縁側のように開かれているから、住んでいる高齢者の様子が数日おかしかったらすぐ気づきます。高齢者の一人暮らしは、身寄りのない方が入られることも多いので、見守り機能は標準装備にしておく必要があると思っています。

──鉄扉以外にも、公園の柵や、商店と公園の境界など20世紀からもち込まれた境界をすべて壊していますね。さらにコミュニティに関心をもつ企業が入居して、まちづくりを一緒に盛り上げている。この手法はイギリスのDevelopment Trustの手法によく似ています。海外の事例を日本に応用しようとしても、課題が異なるので、そのままではできない。ですから独自の手法を模索していくのですが、「できたものを比較したら似ていた」というのは素晴らしいですね。

実際に「morineki」を案内していただきましたが、入江さんが住民の方々と気軽に話されていて、相互扶助の関係がすごくうまくできていると思いました。

入江：私はもともとそんなに話すほうではなかったのですが、自分もここの近くに住んで子育てもしていますし、ご近所が素敵なほうが嬉しいですから、積極的にコミュニケーションを取るようになりましたね。

また大阪市内から「morineki」に本社を移転してくれた㈱ノースオブジェクトもとても良い会社で、社員さんが70名通勤してくれているのですが、まちがめちゃくちゃ明るくなりました。企業誘致にも大きな可能性があると思っています。

──四条畷駅からまちを歩いてきたら、この一帯からとても幸せな空気が流れ出しているように感じました。

入江：元々は人っ子一人、すれ違わないような寂しい団地だったんですよ。変わりようが信じられないくらいですが、今では住民さんたちも「morineki」をとても自慢に思ってくれているようです。

（聞き手：田島則行）

団地に展開されたエリアマネジメント：東京都西東京市、東久留米市「ひばりが丘団地」から

森田 芳朗

「ひばりが丘団地」の建て替えと「事業パートナー方式」

本稿では住宅地におけるコミュニティのアセットの一つのあり方を、再開発後の旧「ひばりが丘団地」で進むエリアマネジメントの取り組みから見てみたい。

東京都西東京市と東久留米市にまたがる「ひばりが丘団地」は、日本住宅公団（現・UR都市再生機構）の公的賃貸住宅2714戸からなるマンモス団地だった。1959年の入居以来、自治会を中心とする活発なコミュニティが育まれたが、開発から40年が過ぎた1999年、建物の老朽化や住民のニーズの変化を理由に全面的な建て替え事業が始まった（fig.1）。

そこで採られたのが「事業パートナー方式」である。「ひばりが丘団地」の建て替えは、UR賃貸棟を元の敷地の半分ほどに集約化・高層化するかたちで進められ、余剰地には複数の民間事業者による分譲マンションと分譲戸建て街区が開発されることになった。その際、まち並みがちぐはぐになったり、これまで一体的に育まれた地域のコミュニティが分断されたりしないよう、街区のつながりのデザインから再開発後のエリアマネジメントまで、民間事業者が事業パートナーとして関与し続ける方式が採用されている。

ここで導入された「エリアマネジメント」とは、住民や事業者、地権者などが連携して、地域の価値を高めていく活動である。大丸有（大手町・丸の内・有楽町地区）など商業地での取り組みが先行したエリアマネジメントだが、それをひばりが丘のような住宅地でも展開しようという試みだ。

エリアマネジメント組織（一社）まちにわ ひばりが丘

ひばりが丘のエリアマネジメントでは、活動の担い手として（一社）まちにわ ひばりが丘が設立された（fig.2）。構成員は、順次できていく分譲街区の管理組合とディベロッパーが正会員、URが監事となり、

1959年	日本住宅公団最大規模の「ひばりが丘団地」入居開始
1999年	団地の建て替え事業が始まる
2004年	建て替えによるUR「パークヒルズひばりが丘」(1,504戸)入居開始
2012年	新規分譲戸建て街区「プラウドシーズンひばりが丘」(115区画)入居開始
2014年	**再開発後のひばりが丘のエリアマネジメント組織「一般社団法人まちにわ ひばりが丘」設立**
2015年	新規分譲マンション「ひばりが丘フィールズ1番街」(144戸)、「ひばりが丘フィールズ2番街」(156戸) 「ひばりが丘フィールズけやき通り」(119戸)入居開始 **まちにわ ひばりが丘の活動拠点「ひばりテラス118」オープン**
2017年	新規分譲マンション「シティテラスひばりが丘」(343戸)入居開始
2018年	新規分譲マンション「プレミストひばりが丘シーズンビュー」(177戸)、 新規分譲戸建て街区「セキュレアガーデンひばりが丘」(78区画)入居開始
2020年	**まちにわ ひばりが丘が住民主体の運営体制へ移行**

(一社)まちにわ ひばりが丘の年表(fig.1)

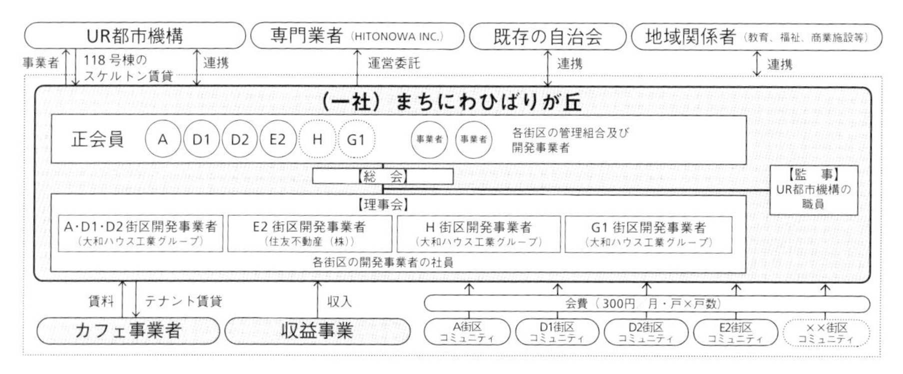

(一社)まちにわ ひばりが丘の組織体制(2017年7月時点)(fig.2)

入居が先行したUR賃貸棟「パークヒルズひばりが丘」や分譲街区「プラウドシーズンひばりが丘」の既存自治会とはお互いに協力関係にある(fig.3)。

(一社)まちにわ ひばりが丘のミッションは、①地域での暮らしを楽しいものにすること、②困ったときに助け合えるつながりをつくっていくこと、③管理組合の垣根を超えたマンション管理の横連携を図っていくこと、の三つである。

(一社)まちにわ ひばりが丘の運営を当初受託したHITOTOWA INC.は、"しがらみ"と"孤独"の間にあるつながりづくりを全国の集合住宅で手掛けている*1。目指すのは、人付き合いが好きな人も、そうでない人も、自分にちょうどいい距離感の近所付き合いができる環境づくりだ。その際、「防災・防犯」や「マンション管理」といった社会課題は、みんなが当事者として関わりやすいテーマとなる。

エリアマネジメントの拠点「ひばりテラス118」

建て替えでまち並みが大きく変わった「ひばりが丘団地」だが、人々に親しまれた建物のうち3棟が残された。一つ目は団地のシンボルだったスターハウスで、URの管理サービス事務所として保存・活用されている。二つ目は典型的な階段室

*1　参考文献:荒昌史著『ネイバーフッドデザイン:まちを楽しみ、助け合う「暮らしのコミュニティ」のつくりかた』英治出版、2022年

(一社)まちにわ ひばりが丘のエリアマネジメント街区。エリアマネジメント組織はグレー部分の新規分譲街区の管理組合から構成されるが、活動範囲は旧「ひばりが丘団地」の全域に及ぶ(fig.3)

型の中層板状住棟でサービス付き高齢者向け住宅にバリアフリー改修された。そして三つ目が、エリアマネジメントの活動拠点に再生された「ひばりテラス118」である(fig.4)。

2階建てのテラスハウス118号棟をリノベーションしたこの建物には、(一社)まちにわ ひばりが丘のオフィスのほか、イベントや教室で使える時間貸しのコミュニティスペース、パンケーキが名物のカフェ、ふらりと立ち寄れる花屋、地域の作家とともに運営するハンドメイドの雑貨ショップなどが入っている。隣接する公園とつながる目の前のオープンスペースでは、ひばりが丘の文化祭「にわジャム」、100人で一緒に“いただきます”をする「まちにわ食堂」(fig.5)、夜空の下での映画祭「にわシネマ」などが催され、新しい地域の賑わいを生み出している。

地域ボランティア「まちにわ師」

(一社)まちにわ ひばりが丘の活動をスタートするにあたっては、地域ボランティアによる「まちにわ師」のチームが結成された。ひばりテラス118の運営に関わりながら人と人をつなぐ「つなぎびと」、まちの暮らしが楽しくなる情報をコミュニティメディアなどで発信する「つたえびと」、交流や学びのイベントを企画・実行する「つくりびと」といった三つの役割が設けられ、そのスキルを磨く養成講座も開かれた。

集まったメンバーの年代は幅広く、参加の動機も自己実現から地域貢献までさまざまである*2。居住地にも広がりがあり、半数ほどはエリアマネジメント街区の外の住民だが、昔団地に住んでいたり、団地で遊んだ思い出があったりと、ひばりが丘に愛着のあるメンバーが多い。

エリアマネジメントの財源

「まちにわ師」の活動や「ひばりテラス118」の施設運営に掛かる費用は、カフェや花屋からのテナント賃料、レンタルスペースの利用料、新規分譲街区の世帯からの月額300円の会費などでまかなわれる。会費の支払いは任意だが、およそ8割がエリアマネジメントの趣旨を理解して納めている。月額300円の意味を問う声が聞こえることもあるが、(一社)まちに

*2 参考文献:青木留美子、森田芳朗、江口亨「エリアマネジメントの初動期における地域住民ボランティア組織の形成とメンバーの意識:旧ひばりが丘団地を事例として」『日本建築学会技術報告集』第24巻58号、2018年

わ ひばりが丘の現・代表理事の岩穴口康次さん（第1期「まちにわ師」）は「サービスへの対価ではなく、まちへの投資と考えてほしい」と語り掛ける。

なお、2014年に発足した（一社）まちにわ ひばりが丘は、当初の計画通り、2020年に地域住民を中心とした新体制へと移行した。民間事業者やURが抜けたあとも活動が永続的なものになるかは、エリアマネジメントの意義を住民間で共有し続けられるかに掛かっている。住民へのアンケート調査によれば、エリアマネジメントの存在が住まいの選択を後押しした世帯はおよそ1/4見られ、期待は決して小さくない[*3]。

（一社）まちにわ ひばりが丘の「アセット＝資産」

（一社）まちにわ ひばりが丘の「アセット＝資産」は、①団地の建築・空間ストックを生かした活動拠点、②エリアの内外から集まる活動の担い手、③活動に対する住民の理解と投資である。

「ひばりが丘団地」の長い再開発事業の途中で導入されたエリアマネジメントは、かつての団地の敷地全体を活動範囲に据えるものの、構成員は新規分譲街区の住民に限られている。それは後付けのエリアマネジメントという事情が生んだいびつな構造ともいえるが、まちの将来に対する新旧住民の思いを共存させるには現実的な対応だった。団地のこうした再開発事業では新旧住民の対立構造が生まれがちだが、歴史あるUR自治会の夏祭りに新規分譲街区の若い世帯が関わり始めるなど、新旧のコミュニティの融合は時間を掛けながらも少しずつ進んでいる。

このように、（一社）まちにわ ひばりが丘をめぐる「コミュニティ」の輪郭はあいまいである。外部と隔離することで価値を守るアメリカなどの郊外住宅地と違い、じわじわとスプロールしてできた日本の住宅地では、隣やまわりの「資産＝アセット」をうまく取り込むアプローチにこそ可能性があるのかもしれない。

URが所有する団地のテラスハウスを（一社）まちにわ ひばりが丘が改修した「ひばりテラス118」（fig.4）

100人で一つのテーブルを囲む「まちにわ食堂」（fig.5）

*3　参考文献：（一社）まちにわ ひばりが丘、協力：森田芳朗、江口亨「2020年度アンケート調査レポート：ひばりが丘エリアマネジメントの現状・課題・可能性」2021年5月

中山間地域における地域おこし協力隊の活躍：岡山県久米郡久米南町 ゲストハウス「&里方屋」から

納村 信之

空き家の現状と施策としての空き家バンク

日本の中山間地域では、おもに人口減少や都市部への人口集中などの要因により、住宅が放置され、使用されない状態が増加している。大量に空き家が発生すると、地域の景観や生活環境が悪化し、地域経済や地域社会にも悪影響を及ぼす可能性があるため、中山間地域では空き家対策が重要な課題である。

空き家バンクは地域の空き家問題を解決するための施策の一つで、地域の自治体が空き家の情報を集約・管理し、活用する仕組みである。地域の自治体が中心となって運営されることが一般的だが、地域住民や関係者の協力や参加も重要で、地域の特性やニーズに合わせて柔軟に運営されることが求められる。ただし中山間地域における空き家バンクには以下のようないくつかの問題点がある。

・所有者の協力不足
空き家の所有者が空き家バンクへの登録に消極的な状態が発生している。
所有者が空き家を維持し続ける意思があることやさまざまな理由から積極的な登録や再生活用に応じないケースである。そのため長年にわたり放置されることになり、手放すときにはとても住める状況にない場合が多く、移住者にとっては、多くの空き家が存在するにも関わらず登録されているすぐに住める物件が少ないということになる。

・情報不足
空き家バンクに登録される空き家の情報が不十分な場合がある。
所有者の了解を得られないケースや、所有者が不明であるなどで登録が難しいケースや、登録されている情報が正確でない場合もあり、実際に活用しようとした際に問題が生じる可能性がある。

・財政的負担
空き家バンクの運営や空き家の再生・活用には費用が掛かるため、地方自治体の予算が限られている場合や、地域の経済力が低い場合には、適切な運営や活用支援が十分に行われない可能性がある。
また空き家バンクを運営している民間の業者もあるが行政との情報の共有が行われていないケースが多い。

・地域の需要との不一致
空き家バンクが提供する情報や支援が地域の需要やニーズと合致しない場合があり、地域住民や事業者の要望と異なるかたちでの再生や活用が進むことで、地域の特性や文化が損なわれる可能性がある。

・法的・制度的な課題
空き家の所有権や利用規制、建築基準法などの法的制約や地域の条例によって、再生や活用が制約される場合がある。
また複数の所有者が存在する場合には、合意を得ることが難しくなることもある。
これらの問題点を克服するためには、地域の住民や移住者や役所といった関係者の積極的な参加や協力、適切な情報提供や支援体制の構築、法的な枠組みの見直しなどが必要となっている。

地域おこし協力隊（＝移住者）を通じたコミュニティ再生

岡山県久米郡久米南町では、空き家バンクを活用していくためウェブでも専用ページを作成するなど空き家対策に積極的に対応している[*1]。

さらに地域おこし協力隊のメンバー自身が空き家の移住者としてコミュニティ再生に自主参加している。

地域おこし協力隊は、都市地域から過疎地域等の条件不利地域に住民票を異動し、地方自治体や地域団体等に雇用され、移住・特産品開発・観光など地域活性化のため、さまざまな活動を行っている。久米南町のO氏は、2021年4月から地域おこし協力隊として、久米南町が好きになり移住を決意し、おもに空き家の利活用等地域活動に従事していく。

選定した空き家は、空き家バンクに登録されていた物件で元々は呉服問屋であった。この空き家は法然上人生誕の地である誕生寺の参道にあり、外観が非常に魅力的な物件だったことから思い切って購入したという。ただ一階の床は腐敗しどうしようもない状況であったため、基礎と床組みを一部撤去した。その後、湿気を含んだ腐敗土を整地し仲間の協力を得ながら、相当な苦労をして、防水シートと土間コンクリートを敷き詰めた。2022年中はコロナのため活動自粛していたが、地道に周辺住民への挨拶まわりやさまざまな地域活動に参加して交流を深めた。

*1　久米南町「移住のススメ」(https://www.town.kumenan.lg.jp/iju/property/property_list.html)

そういった活動を行っているなかで、隣の住民K氏が自主改修しているO氏に興味をもち交流が始まった。そして2022年7月にK氏の「運営代表になってもいいよ」の一声で話が進み、近隣住民とともに健康カフェ「&里方屋」を1階スペースにオープンすることになった。その後、2023年4月に子どもワークショップでピザ窯を中庭に製作し交流を深め、8月には別棟を洗面・浴室ゲストハウス用に改修、9月には大学との連携を通じて2階間仕切り壁を作成するなどゲストハウスとしての設えを完成し、申請許可も得て10月にゲストハウスを開業している(fig.1)。

ここまでことが進んだのは、久米南町出身の町役場担当者の存在も重要である。まちを良くしたいという気持ちから里方屋での改修やイベントにも積極的に参加し、公私を超えた協力的な活動を行っている。さらにO氏の社交的で人なつっこい人柄も功を奏し、役所、近隣住民そして移住者による地域に開かれた空き家の再生が成功した事例といえる。一歩一歩、急がずゆっくりステップを踏みながら進めていくプロセスが重要であることをこの事例を通じて考えさせられる。また空き家バンクの情報を元に移住を考えている人々が、地域おこし協力隊のメンバー自らが移住し地域の人たちとともに楽しく生活しているシーンを見ることができたら、移住したい気持ちをさらに後押しするのではないだろうか。

複数の空き家の再生による周辺地域の再生の試み

今年2月から、O氏が150メートルほど離れた空き家を購入し、「&里方屋Ⅱ」と称したゲストハウスとするため自主改修を始めた。訪問するとその敷地は誕生寺と地域住民に「とっきりさん」と呼ばれて親しまれている時切神社を結ぶ近道に面していて、まわりは美しい棚田や田園風景が望める気持ちよい場所にあり、農業体験のできる農園カフェや移住者のためのシェアハウスに改装しているところだった(fig.2)。先日も学生が自主改修を手伝っていると、周辺の住民が集まってきて勝手に改修を手伝い始めたのが印象的であった。

2016年から毎年3、7、11月中旬に「とっきり七日市」が誕生寺地域づくり協議会主催の地域おこし事業として開催されている。当日は午前10時、アルプホルン演奏で幕が開き、誕生寺境内に多くの露店も並ぶ。さらにキツネ探しなど多彩な催しが行われ、時切神社を結ぶ近道を往来する多くの訪問客で賑やかになるそうである。

Oさんはこういったイベントを通じて「&里方屋Ⅱ」を訪問客の宿泊先として取り込むことを考えている。訪問客は美しい棚田を眺めながらの農業体験や収穫した野菜を使った料理をカフェで食べることもでき、地域の関係人口の増加にも寄与することになる。里方地区にはほかにも多くの魅力的な空き家が点在してお

ゲストハウス「&里方屋」平面（fig.1）

「&里方屋」周辺鳥瞰（fig.2）

り、「&里方屋Ⅱ」完成後もどんどん周辺の空き家の自主改修を行っていきたいとのこと。移住者であるO氏が地域住民や大学生を巻き込みながら活動することで、所有者も空き家バンク登録やほかの移住者の移住促進も促し、点から線そして面へと里方地区の地域再生が広がっていくことを期待している。

Chapter

2

コミュニティ事業から始まる地域再生

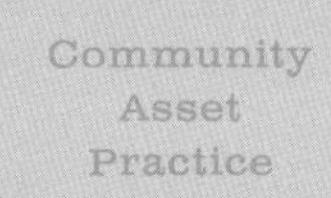

Case

4 DIYによる近隣活性化の始まり

Interview

河野直／
合同会社つみき設計施工社

Project

123ビルヂング

合同会社つみき設計施工社は千葉県市川市エリア限定で活動する工務店。住まい手や使い手とともに、DIYの手法を用いてつくり上げていくのが特徴だ。設計や施工に主体的に関わることで場所に愛着が生まれ、さらに参加型プロセスのなかで、ほかの住民らとのつながりをより身近なものにできるという。

「123ビルヂング」関係者たち

合同会社つみき設計施工社から学ぶ実践のポイント

❶ 参加型は地域のつながりの原点

「参加型リノベーション」では、クライアントが主体的な参加者の一人として一緒にリノベーションの施工作業に加わる。その家族や地元住民とも体験を共有し、人と人が一緒に汗をかくなかで地域とのつながりが育まれる。

❷ エリアを限定することで、顔の見えるつながりをつくれる

業務エリアをある近隣の範囲に限定することで、人と人のつながりは手の届く範囲のものとなり、顔の見えるつながりをつくり出すことができる。そのためには、近隣エリアはできれば数キロ範囲内ぐらいの、様子が把握できるような身近な地域に限定することが重要。

❸ 空きビル再生は、人が関わる参加型プロセスの工夫

古い空きビルや空き家を再生するとき、リフォームで新築同様にするのではなく、再生に多くの人々が関わり参加できるプロセスを組み込むことで、空間という媒体が重層し、人の気持ちやつながりも引き込むことが可能になる。

❹ 自分で作業すれば、愛着も倍増

空間をゼロからつくり出すことは、その空間に愛着をもたらす。掃除するだけでもよい、あるいは塗装するだけでもよい。空間がリノベーションされて変化するその瞬間に立ち会うことができれば、その空間への愛着は増し、長きに渡ってそこを使うことの喜びを感じられる。

住む人、描く人、つくる人がともにつくる建築を目指す

設計であれば設計事務所が行う。施工であれば施工会社が行う。専門領域を分業化することがプロフェッショナルな役割分担であるとされてきたが、なぜかそうならないのが合同会社つみき設計施工社(以下、つみき設計施工社)の面白さだ。そもそも代表の河野直さんにとって、設計と施工を一緒に行うのが本来の目的ではない。京都大学の大学院を修了して、いわば設計側の人として建築設計事務所に就職を試みたが、この描く人(設計)とつくる人(施工会社)と住む人(クライアント)に隔たりがあると感じ自分には合わないと思い辞めてしまったという。そして、住む人、描く人、つくる人という三者が一緒に学び合いながらつくれる建築を目指して、パートナーの桃子さん、大工さん2人と一緒に独立したのが、このつみき設計施工社である。

結果として、この「参加型リノベーション」という手法に行き着いた。通常は設計者は設計して、施工者に指示を出す。そして施工にクライアントが関わることはない。それは長い間のこの業界のしきたりであり、伝統でもある。プロの設計、プロの施工があり、住む人は要望を伝えてプロに頼む。したがって三者は別々にそれぞれの領域に閉じこもり、伝達のための打合せはするけれども、一緒に作業をすることはない。しかしつみき設計施工社にとっては、この三者の間の境界はもっと緩くて、フレキシブルで、自由である。

場と人をつなげる仕事

コストダウンを目的として自主施工やワークショップを行うのではない。人は、設計や施工に主体的に関わることで、そのつくり出す場所により深い愛着をもつことができ、さらに参加型プロセスのなかで、ほかの住民らとのつながりをより身近なものにできるという。

2010年に始めた頃には、まだまだDIYという考え方は理解されないことが多く、人々を巻き込むにはそれなりの説明が必要であったが、2011年以降、DIYを積極的に行う人がどんどん増えてきており、最近ではこの参加型リノベーションという考え方も浸透してきて、容易に理解してもらえるようになった。そう、つみき設計施工社の仕事は、すべてのプロジェクトで参加型リノベーションのかたちをとる。工事単独とか、設計単独とか、参加型でない工事はやらないと決めているが、単発の参加型ワークショップは業務として行うこともある。そして参加型とすることで手間は掛かるが、工事費としては結果として少し安めに設定することができる。創業してから14年で、今までになんと500回もの参加型ワークショップを行ってきた。

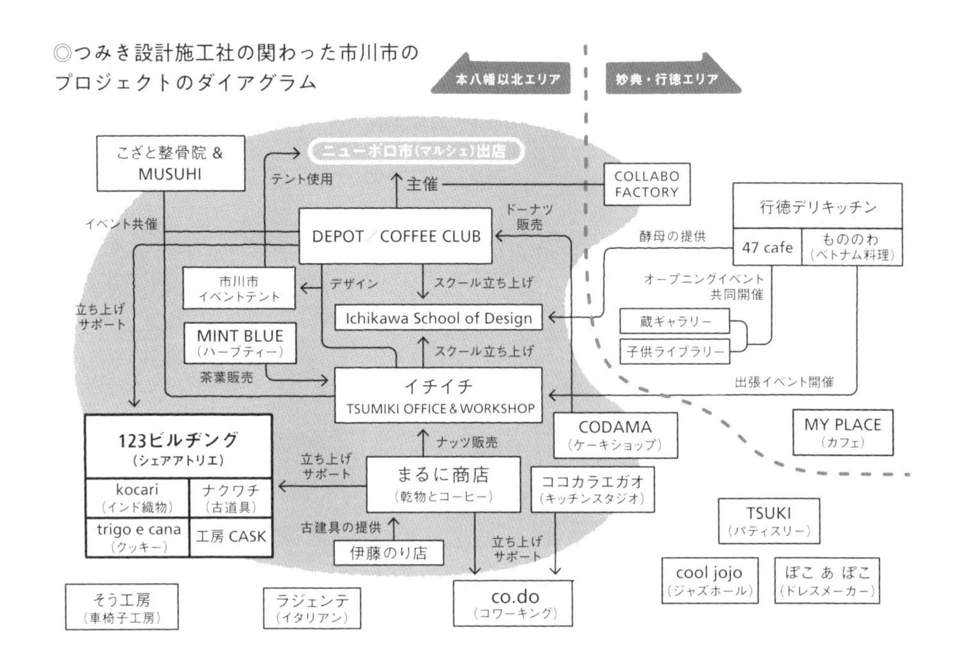

◎つみき設計施工社の関わった市川市のプロジェクトのダイアグラム

エリアを限定することで広がる役割

元々は東京や千葉などさまざまな地域の業務を請け負っていたが、仕事の性格上、現場に張り付いて仕事をする必要があり、現場が散在してしまうと現場から現場へと移動することに多くの時間がとられてしまって仕事がスムースに回せなくなってきた。あるとき自分たちが住んでいる千葉県市川市にエリアを限定して仕事をすべきじゃないか、そのほうが自分たちのスタイルを貫けるのではないかという直感から、創業5年目にして、思い切って市川市エリア限定に絞って仕事をすることを決断。うまくいくかどうかは未知数だったが、ホームページ等に「市川市の参加型リノベーション」を全面に出して仕事をすることにしたのだ。エリア限定にすることはマーケットを小さく絞ってしまうことになり、従来のビジネスの考え方ではなかなか判断が難しい。しかし結果としてわかったのは、参加型のビジネスモデルはエリアを限定する考え方とは相性が良い。ともに汗をかくことでフラットな人と人の近隣のつながりを自然に育むことができるからだ［上図］。

廃墟ビルの再生：「123ビルヂング」

エリア限定の広がりのきっかけをつくったのは、この「123ビルヂング」という廃墟ビルのリノベーションだった。市

「123ビルヂング」(見開きすべて)。3階古物店のリノベーションの様子。大工工事と設備工事をつみき設計施工社が担当した。塗装仕上げ工事は入居者親子にもDIYで参加してもらい一緒に行った

土間打ちで広い空間の1階スペースB。躯体の古い質感を残し収納とキッチンを造作、床は古い板を剥がして土間を磨き、壁面と天井はペンキを塗り直して仕上げた。オープン当初はアイシングクッキーのアトリエとして利用された

9スペースのうち4スペースのリノベーションが完了し、利用が始まった頃に開催された「素材の博覧会」。空間や活動の様子を見てもらうことで残りのスペースの入居促進を図った。各入居者の作品・道具の展示やものづくりの体験ワークショップなどが催された

キックオフから約半年で満室となった「123ビルヂング」のお披露目も兼ね、催された「グランドオープニングパーティ」

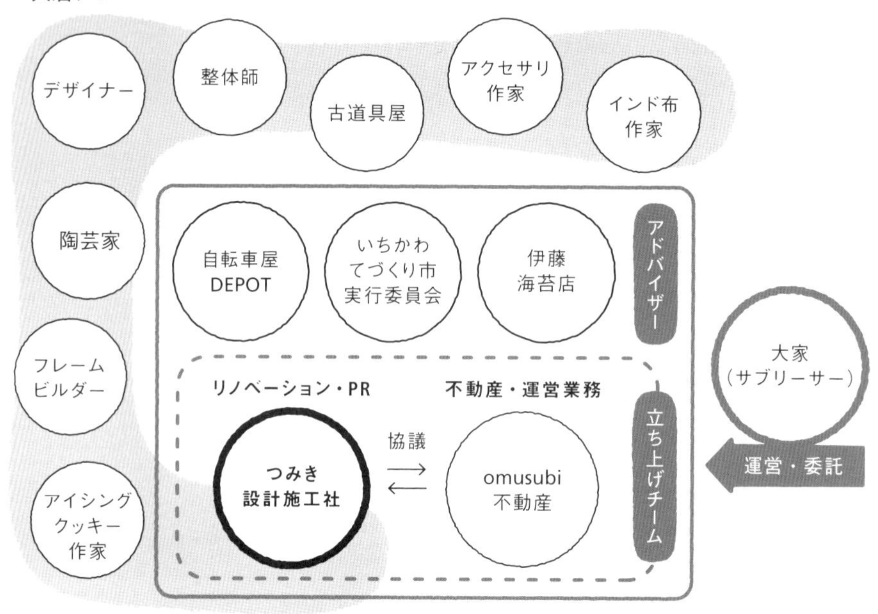

◎「123ビルヂング」の事業ストラクチャー

川市のど真ん中だが、本八幡駅から徒歩22分という、あまり利便性は高くない場所にある。このビルのオーナーがDIY賃貸専門のおむすび不動産に相談し、そこから市川を拠点に活動していたつみき設計施工社に声が掛かり、地元の人たちをつなげていく役割を期待されて参加することになった［上図］。

鉄筋コンクリート造3階建てのカビだらけの空きビルは、元々は質屋であり、上層階が住居として使われていた。その空きビルの活用方法について相談を受けたことから、プロジェクトが開始した。

まずはクリエーターを呼んできて空きビルでビールを飲むという謎のイベントからプロジェクトを開始した。すると1時間で3人ぐらいこのスペースを使いたいという人が出てきた。その次に掃除ワークショップを行ったり、共用部を修理するDIYワークショップを行う過程でさらに入居希望者が現れ、正式に募集を開始したところ、半年で全室満室になった。

参加型プロセスによる育まれる地域ネットワーク

ここで始まった活動はそれで終わりではなく、そこからつみき設計施工社のコンセプトに共感してくれる人たちとの輪が広がっていった。8年前に市川限定で仕事をすることを宣言してから、すぐに仕事がなくなってしまうのかと心配した

市川市にある焼き菓子とオーダーメイドケーキの店「CODAMA」。ケーキ職人であるオーナーが左官工事に参加した

「妙田・蔵ギャラリー」。市川市妙典の旧市街地に古くから住む住人と新市街に住む若い住人の交流を目的につくられた

が、店舗、住居、公共空間のリノベーションなど、これまでに60件ものプロジェクトを世に送り出し、今では61件目のプロジェクトに取り組んでいるという(2024年3月現在)。プロジェクトとしては新規事業を興したり新規店舗を開くためのものが多い。面白いのは参加型のコラボレーションに参加したクライアント同士が自然発生的につながっていき、そのネットワークがまた新しいビジネスや人と人をつなげる役割を果たしているということだ。近隣のつながりのなかで生まれる新しいビジネスは、結果として地域での定着率が非常に高いということにも注目したい。

文：田島則行

123ビルヂング

◎概要：
千葉県市川市に誕生したビル1棟のシェアアトリエ。クリエイティブスペースとして2015年秋にオープンした。地元の作家・アーティストや事業家らが集まり、さまざまな活動を行う拠点として運営されている

◎企画・運営：omusubi不動産

◎設計・リノベーション施工管理およびPR：合同会社つみき設計施工社

◎所在：千葉県市川市大和田

◎用途：シェアアトリエ

◎構造・規模：RC造・地上3階建て

◎完成：1966年築、2015年秋オープン

◎事業の形式：
不動産管理会社がサブリースするビルを活用。企画および運営をおむすび不動産、設計・リノベーション施工管理およびPRを合同会社つみき設計施工社が行う

◎アセット規模：シェアアトリエスペース合計約150㎡

◎元の用途：1階 ガレージ・店舗、2･3階住居

Case

5 投資から始まる場の育成・運営

Interview

松島孝夫／
株式会社エンジョイワークス

Project

平野邸Hayama
The Bath & Bed Hayama
桜山シェアアトリエ

参加型まちづくりを事業とする㈱エンジョイワークスは、そのアプローチのバリエーションが群を抜く。不動産仲介、建築設計、土地建物の分譲、さらに場の運営やプロデュース、コミュニケーションデザインと参加型のまちづくりを盛り上げるためのファシリテーション、また投資型クラウドファンディングや資金調達まで自前で行う。

「The Bath & Bed Hayama」ワークショップ参加者

エンジョイワークス（株）から学ぶ実践のポイント

❶ 不動産を紹介しない不動産屋

物件を紹介することだけが不動産業の役割ではない。「そこに住むライフスタイルや人のつながりを育み、エリア価値を育むのが不動産業のミッションである」と定義した。生活を楽しみ、まちづくりを楽しむこと。“エンジョイワークス”という志は創業当時からの伝統である。

❷ 人のつながりをつくるための工夫を総動員

空間やアセットには、人のつながりの場をつくる特別な力がある。イベントを開いたり、ワークショップを行うだけでなく、参加型プロジェクト事業においてさまざまな工夫を総動員して人のつながりを育み、不動産を活用したまちづくりを推進する。

❸ 資金調達から企画・計画・施工まで、参加できる強み

不動産事業は、通常は縦割り分業で責任の押し付け合いをしているが、それらをつなげてジブンゴトとして考えれば住む人やその後のくらしを考える投資家が生まれる。また設計者や工務店も、自ら参加してそのプロセスを住民達と共有できることが強みとなる。

❹ 運営を見据えたプロセスによるプロトタイプづくり

空間づくりは一期一会であるが、プロジェクトの立ち上げから運用を見据えた「プロセス」という側面で見れば反復可能であり、次のプロジェクトへの試金石となる。空き家や空きビルの再生におけるプロトタイプづくりがモデル事業として展開する。

不動産仲介から資金調達や運営までアレンジ

（株）エンジョイワークスは、その名の通り「生活を楽しみながら参加型のまちづくりを推進する」をテーマにした会社である。代表の福田和則さんは外資系金融機関勤務を経て2007年に（株）エンジョイワークスを設立。取締役の松島孝夫さんは建設会社出身であり、コーポラティブハウスのプロデュース会社を経て（株）エンジョイワークスに2017年に合流した。

参加型まちづくりを事業として実現するために、不動産仲介、建築設計、土地建物の分譲等、彼らのアプローチは多岐にわたる。しかしここまでなら、ほかにもできる会社もあるだろう。（株）エンジョイワークスの違いは、さらに場の運営やプロデュース、コミュニケーションデザインと参加型のまちづくりを盛り上げるためのファシリテーション、また投資型クラウドファンディングや資金調達まで自前でアレンジできる能力をも有していることにある。

不動産から広がる役割、総合的なまちづくり事業の連携

（株）エンジョイワークスは2007年の設立以来、総合的なまちづくりを推進す

◎（株）エンジョイワークスによる「地域活性ローカルファンド」の事業ストラクチャー

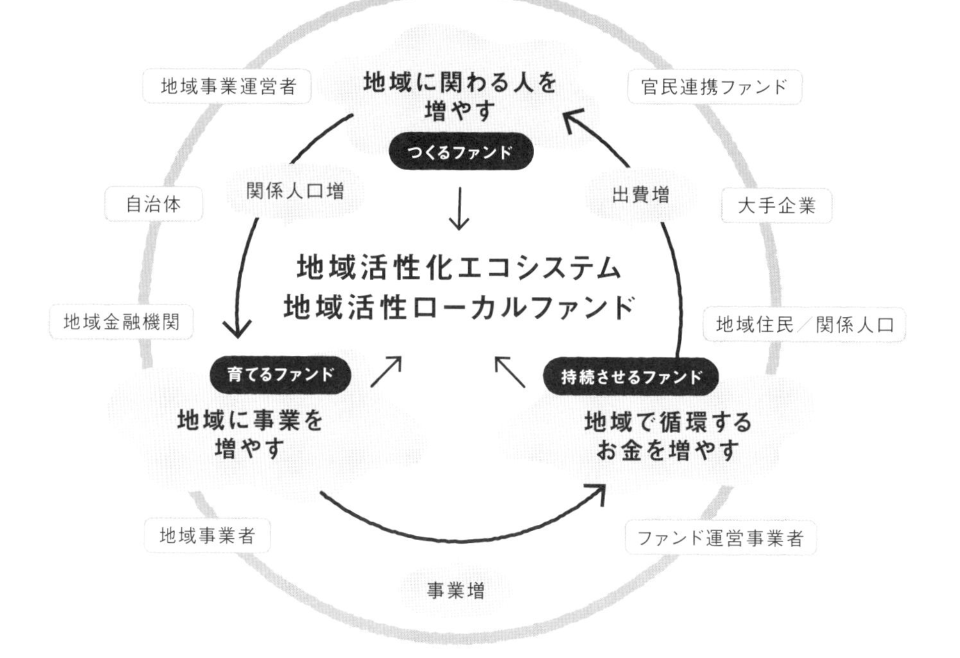

るために着実にステップを踏んでここまでの力を蓄えてきた。まずは2007年から不動産仲介や物件管理の事業から始める（不動産1.0）。2011年には鎌倉に本社を移転し、湘南エリアに特化した事業に転換、そして2013年頃から建築設計事務所登録をし、土地建物の分譲を始めている（不動産2.0）。2014年からは場の運営やプロデュースを行う住宅宿泊管理業にも乗り出した（不動産3.0）。そして2018年には投資型クラウドファンディングにも挑戦し、自ら資金調達をしてまちづくりプロジェクトを遂行できる体制を整えた（不動産4.0）。地域プロデューサーや人材発掘・育成などを推進し、今では国や自治体との連携を進めて全国へ展開、空き家の問題の解決や、地域活性・地方創生を強力に推進し始めている［p.76下図］。

クラウドファンディングから参加型のコミュニティを生成

ほかの組織になかなか真似ができないのが、クラウドファンディングの機能を社内に取り込んでしまった点であろう。まちづくりに参画したい投資家を募り、スペースをどう使うかを参加型ワークショップとしてみんなで検討し、さらに一緒にDIYでスペースを仕上げていく。お金と人と、そのモチベーションを集めながら、人のつながりを結びつつ、その空間を再生することで、「共感投資ファンド」という資金調達から人のつながりを創出、そして空間の運営まで一直線につなげる仕組みをつくり上げた。

たとえば空き家を見つけたとき、通常の不動産ビジネスにおいて問題になるのは、その不動産価値の捉え方だ。従来の銀行の融資に頼るやり方であれば、銀行側の判断に委ねざるを得なくなる。新築であれば、その建物の担保価値には安心感があるが、中古の空き家であれば建物としての価値はゼロとなり、郊外や地方においては土地の担保価値もあまり期待できない。

そこで活用されるのが“投資型”の不動産クラウドファンディングだ。まちづくりでは通常“寄附型”あるいは“購入型”であることが多く、お金を提供するかわりに何らかの対価となるものをお返しするのが一般的だ。このタイプは気軽に始められるが、大きな金額を集めることは難しい。しかし“投資型”クラウドファンディングにおいては、その資金は一定の期間のあとに償還され、さらに利回りをも確保できる。㈱エンジョイワークスでは、小規模不動産特定共同事業の許可から始めて、今では不動産特定共同事業の1号～4号までの許可を有し、第二種金融商品取引業の登録も済ませている。

では銀行と同じく中古不動産のリスクはあるのではないか、と思うのが一般的な意見であろう。もちろん、どんな投資でも元本割れのリスクはあるのが前提だが、投資費用に対してリターンが大きければ大きいほど利回りがあるという原則

「そんな物件ねーよ!」会議の様子。どんな物件があったらよいのか、どんなプロジェクトをやるべきかを議論した

「桜山シェアアトリエ」の施工の様子。空き工場をリノベーションしシェアアトリエをつくるプロジェクト。新しい借主らが集まり、DIYで素地のボードにポーターズペイントの塗装を行った

「桜山シェアアトリエ」(この頁すべて)。もともとの廃工場の佇まいはそのまま残している

“大人たちの秘密基地”をイメージしたラフな味わいのインテリア

に立ち返ってみれば、新築や地価が高いところでは投資額が膨れ上がり、大きい利回りを確保することが難しい。それに対して、郊外地や地方の中古不動産においては、投資額を小さく抑えることができ、リノベーションも廉価に済ませることで、得られる賃料が相対的に大きくなり利回りも大きく確保できることになる。

さらに(株)エンジョイワークスの事業構成の素晴らしいところは、その投資家たちをいわゆる“オーナー／大家”と“店子／テナント”と呼ばれるような対立構図にもち込まずに、投資家すらも“使用者”であり、まちづくりの最初の“住民”として、人と人のつながりの起点と考えていることだろう［下図］。

「そんな物件ねーよ！」会議 :「桜山シェアアトリエ」の始まり

2015年に始まったプロジェクト「桜山シェアアトリエ」は、(株)エンジョイワークスのビジネスのかたちが早い段階から具現化された例だろう。通常のプロジェクトでは、物件があって、そこからプロジェクトを開始するが、このプロジェクトでは通常とは逆さまのプロセスで進められた。仲間とどんな物件があったらよいのか、どんなプロジェクトをやるべきかを議論すべく「そんな物件ねーよ！」という名の会議を始めた。

こんな物件ないけど、なんとかならないか…というようなアイデアを出す会議で

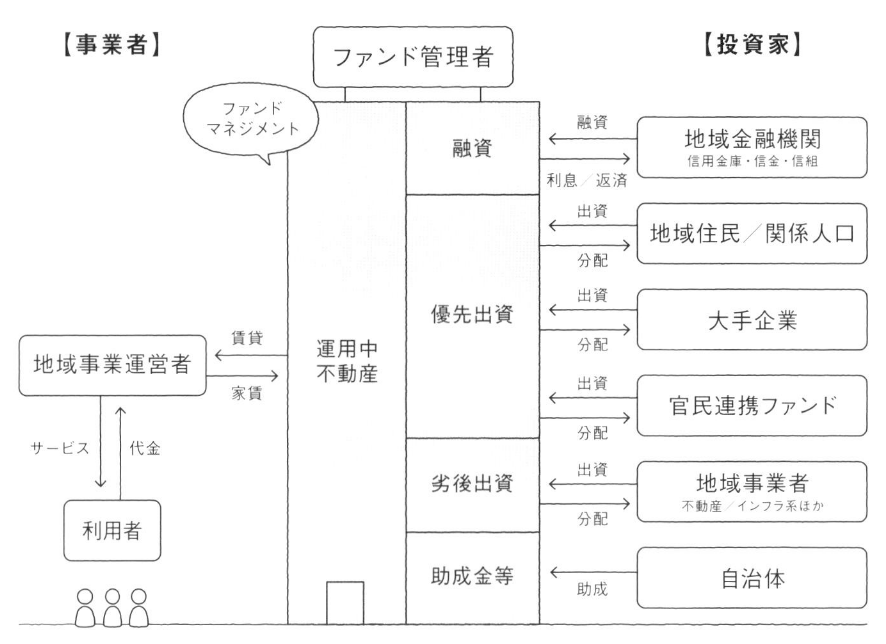

◎(株)エンジョイワークスによる「持続させるファンド」の事業ストラクチャー

あり、いわば可能性のある使い方とそのユーザーを先に掘り起こしてから、物件を探してプロジェクトを立ち上げるという進め方である。その後、ボロボロの工場が見つかったことからプロジェクトの検討を開始し、参加を希望していた人たちに確認したところ、2〜3万なら出して借りてもよいということがわかった。プランをスケッチしたところ、15ブースぐらいとれることがわかり、月々2万円×15ブースで30万円の家賃収入、年間360万円の収入となり、1000万円ぐらいで土地と建物のリノベーションを納めれば、高い利回りが期待できることがわかった。この時点でそのイニシャルコストを負担すると言ってくれた個人投資家が現れて、このプロジェクトが始まったという。

賃料は当初の予定通りで（ブースあたり月額2万円）、“大人たちの秘密基地”をつくるというイメージのもとに、ラフな味わいで工場のリノベーションを進めた。ある程度、空間の輪郭が見えてきた段階で、借主の募集を始めると次から次に希望者が現れて満室になってしまったという。そして新しい借主らが集まって力を合わせ、素地のボードにみんなでポーターズペイントの塗装を行い完成させた。力を合わせたコミュニティ・アセットとしての空き工場の再生が始まった。

その後、約8％（最大）の利回りで運営を進め、3年後には投資家には投資金額に利回りも含めて償還。この運用実績をもとに、新しく立ち上げた投資型クラウドファンディングでは5年間の投資事業（1200万円）として再度募集したところ、すぐに満額集まって新しい運用が始まった。

空き家となった蔵の再生：「The Bath & Bed Hayama」

葉山にある空き家となった蔵を宿泊施設として再生するため「泊まれる蔵プロジェクト」として京急電鉄と連携し、資金調達から行った1号目のプロジェクトが「The Bath & Bed Hayama」である。京急電鉄には「葉山女子旅きっぷ」という人気のある切符があるが、多くが日帰りで帰ってしまうことから女性に魅力的なカジュアルな宿泊施設をつくるというコンセプトとなった。建物が完成する前から、毎週のように参加型ワークショップを段階を踏んで行った。アーティストとのワークショップ、インテリア女子の会による内装デザインのワークショップ、あるいはバスタイムや民泊の経営、DIY、投資女子による投資のワークショップなどテーマは多岐にわたった。

この1号目の共感投資ファンドでは、一人当たり一口5万円からの出資で、37人から600万円の資金を集めて開始し、想定利回り4％で4年2ヵ月の運用投資プロジェクトとして行った。結果は100万円の投資者には利回りも合わせて約116万円で資金を戻すことができた。コロナ禍もあったなかでこれだけ宿泊施設として途切れなく使われたのは、投資家も合

「The Bath & Bed Hayama」(この頁すべて)。
上2点は女性向けのカジュアルな宿泊施設をつくる「泊まれる蔵プロジェクト」の参加型ワークショップ。内装デザインや経営、投資などさまざまなテーマで毎週のように開催した。
左は完成した「The Bath & Bed Hayama」外観

「The Bath & Bed Hayama」1階ソファーラウンジ。ジャグジー付きの大きな浴室が設けられ、落ち着いた雰囲気のデザインでまとめられた

「平野邸Hayama」(この頁すべて)。
上2点は「平野邸Hayama」リノベーションの様子。
左は豊かな庭と縁側空間に囲まれた外観。国の登録有形文化財に登録されたほど格式高い建物である

「平野邸Hayama」はレンタルスペースと宿泊者専用の二つのゾーンに分けられる。レンタルスペース「日々のくらしを楽しむゾーン」のラウンジからキッチンや庭を眺める

めてみんなで考えたプランがその地域ネットワークのなかで利用されていくという循環が大きな力になったからだ。

約20平米の2階建て、1階はゆったりとしたソファーラウンジとなっており、ジャグジー付きの大きな浴室が設けられた。2階は屋根裏部屋のように小屋組が露出し、クイーンサイズのベッドが二つ並んでいる。インテリアデザインや外構の植栽、あるいはアート作品やフラワー装飾等をそれぞれ担当のクリエーターがとりまとめ、落ち着いた雰囲気の空間になっている。

みんなの実家：「平野邸Hayama」

「平野邸Hayama」は樺太で材木商を営んでいた平野家が1936年に葉山の地に建てた和式在来工法の住宅の再生プロジェクトだ。平野邸は豊かな庭と縁側空間に囲まれた、2023年には国の登録有形文化財に登録されるとの答申があったほどの格式ある建物だった。2018年に住み続けていた親族から相続した家族が、地域に活用してほしいと葉山環境文化デザイン集団に相談したところから、㈱エンジョイワークスの子会社である㈱グッドネイバーズによる再生プロジェクトが始まった。

「日本の暮らしをたのしむ、みんなの実家」プロジェクトをテーマに「葉山の古民家宿づくりファンド」として開始し、1500万円の金額を投資で募り、リノベーションを行った。既存の造りはできるだけ活かしながら、キッチンを真ん中に配置して家族でシェアできるような内装を組み込み、「日本の暮らしを楽しむゾーン」として地域の人々が集まれる空間と「宿泊者専用ゾーン」としての空間を設けて、多様な使い方による多世代交流の場「みんなの実家」とした。有効な空き家再生の解決モデルとなっている。

文：田島則行

桜山シェアアトリエ

◎概要：
葉山にある工場の再生プロジェクト。資金調達から始め、投資家や住民らをワークショップの開催により巻き込みながら進めた。企画･設計･リノベーション、運用まで一貫して行い、地域に使われる施設とした
◎企画・設計：（株）エンジョイワークス
◎運営：（株）グッドネイバーズ
◎所在：神奈川県逗子市桜山
◎用途：シェアアトリエ
◎構造・規模：木造・平屋建て
◎完成：1960年代築、2015年4月オープン
◎事業の形式：定期借家、クラウドファンディングにより設計施工費を確保
◎アセット規模：延床面積：144.36㎡、うち賃貸部分82.3㎡、共有部分27.06㎡（ロフト含まず）
◎元の用途：町工場

The Bath & Bed Hayama

◎概要：
葉山に残された古くからある蔵を宿泊施設として再生したプロジェクト。資金調達から始め、投資家や住民らをワークショップの開催により巻き込みながら進めた。企画・計画・設計・リノベーション、運用まで一貫して行った
◎企画・設計：（株）エンジョイワークス
◎運営：（株）グッドネイバーズ
◎所在：神奈川県三浦郡葉山
◎用途：宿泊施設
◎構造･階数：木造・地上2階建て
◎完成：1920年代頃築、2018年7月オープン
◎事業の形式：クラウドファンディングにより設計施工費を確保
◎アセット規模：延床面積37.44㎡、敷地面積755.43㎡（駐車場込）
◎元の用途：蔵

平野邸Hayama

◎概要：
1936年に建てられた和式木造住宅。「みんなの実家」をコンセプトにスペース貸しも宿泊もできる、一棟貸しの宿泊施設として生まれ変わった。最大14名まで宿泊可能
◎企画・設計：（株）エンジョイワークス
◎運営：（株）グッドネイバーズ
◎所在：神奈川県三浦郡葉山
◎用途：宿泊施設・イベントスペース
◎構造・規模：木造・平屋建て
◎完成：1936年築、2020年オープン
◎事業の形式：
「葉山の古民家宿づくりファンド」として1500万円の金額を投資で募った
◎アセット規模：延床面積151.5㎡、「日本の暮らしをたのしむゾーン」93.3㎡、「宿泊者専用ゾーン」28.9㎡（押し入れ含まず）
◎元の用途：住宅

Case 

“共感”をコアにした集合住宅の再生

Interview

吉原勝己／
吉原住宅有限会社
株式会社スペースRデザイン

Project

山王マンション
新高砂マンション
コーポ江戸屋敷

自社物件の運営を行う吉原住宅（有）、広く築古不動産の再生をコンサルティングする（株）スペースRデザイン、そしてまちづくりの啓発活動を推進するNPO法人福岡ビルストック研究会の三つの法人による活動を組み合わせ、“共感”をコアにした不動産再生を進めるその手法を読み解く。

「新高砂マンション」でのイベントの様子

吉原勝己さんから学ぶ実践のポイント

❶ リノベーションの四つの類型

リノベーションによる不動産の再生において四つの類型を設定。
①改装費を大目に確保しリノベーションする「スケルトンリノベ」。
②多少の費用を掛けつつも、古いものを活かした「エコリノベ」。
③現状回復にテイストを加味して、費用を最小限に抑えた「プチリノベ」。
④入居者自らDIYでリノベーションし、原状回復義務を免除した「DIYリノベ」。
この四つによりリノベーションを施し、結果的には新築並みの家賃に上げても入居者の申込みが入った（④は時間を掛けて実施）。

❷ 「共感不動産」の四つのデザイン

まず「経営：コンセプトのデザイン」でビジョンやストーリーを打ち立て、次に「建築：場のデザイン」でリノベーション／DIY、ランドスケープデザインで大規模改修などを行う。三つ目に「不動産管理：関係性のデザイン」として連携した発信やイベント等を行い、清掃やメンテナンスも含めて自分ごととする。そして、それら三つを四つ目の「時間のデザイン」で包み込む。

❸ 新職能「共感デザイナー」と関係性のデザイン

まずは「共感デザイナー」と呼ばれるコミュニティ・ファシリテーターを配置することで、住民らの関係をつなぐ。また外構やランドスケープ等の環境を自分ごととしてみんなで取り組む。そういった活動を起点に住民らの関係性を取りまとめていくことが、不動産の価値を向上させる。

❹ 築古不動産がまちを変える

築古不動産を再生することは、まちの課題に直面することになる。課題を解決し、入居者らをまちの担い手として関係性をつなげていくことでまちがつながり、エリアに吸引力が生まれ、近隣にもエリアの価値が波及する。

老朽化ビルやマンションから始まった不動産再生

吉原住宅（有）は元々、吉原勝己さんの両親が1965年に始めた会社である。福岡県福岡市の中心街で鉄筋コンクリート造による賃貸住宅やオフィスビル、1958年築の「冷泉荘」や1967年築の「山王マンション」、そして1977年築の「新高砂マンション」などの合計４棟の不動産経営を行っていた。

吉原さんは大学卒業後に一般企業に勤めたあと、吉原住宅（有）を2000年に40歳で引き継ぐことになった。いざ始めてみると、所有不動産は老朽化しており、家族経営で必死に補修などの維持管理をしてきたが、新しい入居者もなかなか見つからない状況だった。空室も多く、滞納家賃も増え続けており、売上は落ちる一方でそのままでは会社の継続も難しかったという。

補修と維持管理だけを続けている今までのやり方では尻すぼみになって潰れるかもしれないと考え、なんとか新しいやり方はないかと模索し始めた。

「山王マンション」や「新高砂マンション」：リノベーションからDIYそしてビンテージへ

そんなときに東京でリノベーションブームが起こりつつあるのを聞きつけて、家具ブランドのイデー代表だった黒崎輝男さんらが牽引していたRプロジェクトに興味をもち何回か聞きに行った。そして博多でもリノベーションによって不動産の再生ができるのではと検討を始めた。

最初は両親から大反対を受けるが、リノベーションをすることで家賃収入を上げて投資を回収するスキームを構築した。しかしリノベーションが一般化する前の時代、銀行からの融資も当てにできず、家庭内で何とか少額の資金を調達し、まずは実績を上げようと試験的に開始した。維持管理の場合は30万円程度を掛けて改修をしても新規入居者の確保をすることは難しかったが、リノベーションでは300万円を掛けて改装を施すと新築同様に家賃を上げて貸すことができた。１～２万円ぐらい家賃を上げられれば、３年間で360～720万円の家賃収入増になり、さらに稼働率も上がる。再生する道筋が見えたことから徐々にリノベーションする戸数を増やしていき、2003年からの10年間では「山王マンション」と「新高砂マンション」で、合わせて70戸程度をリノベーションした。

「山王マンション」再生前の状態

次に、自分の部屋の壁を自分で塗りたいという相談があったことから、「じゃあみんなで塗ろう」と「リノっしょ」（入居者と一緒にDIY）と称して入居者らと一緒にDIYで共同作業を行った。すると居住者らは愛着をもって大切に使ってくれるようになったという。また愛着をもってつくられた部屋は、退居のときにも原状回復せずにそのまま家賃を上げても借り手が付くようになった。

結果として「山王マンション」では45室中33室をリノベーションし、「新高砂マンション」では58室中41室をリノベーションした。どの部屋も個性的で、新築並みの家賃でありながら、その住まいの魅力は新築とは競合しない強みをもつこととなった。さらに入居者同士が一緒にイベント活動をしたり、あるいは隣人祭りなどを行うことによって、築古賃貸が好きな人たちが自然に集まり、入居者らが主体的に活動をしていくような共感が生まれ、それが文化として育まれて「共感不動産」がコア概念になっていった。

築古不動産を再生業務としてコンサルティング

吉原住宅（有）で自社物件の不動産経営を続けていく一方で、2008年にはその経験を活かして自社物件以外の不動産再生を行うコンサルティング会社として（株）スペースRデザインを立ち上げた。今ではこちらの仕事がメインになり、数多くの不動産の再生を行っている［下図］。

（株）スペースRデザインがこの地に与えた影響は大きく、リノベーションを文化として捉え、さまざまなイベント・セミナー・広報を仕掛けてきた効果で、福岡県ではリノベーションの関心度が46.6%とほかの都市（首都圏31.5%、関西圏26.5%）に比べても非常に高い。

また手掛けた再生事例総数は全52棟約500室で、平均稼働率は98.2%と非常に高い。その理由として、一つの物件を再生すると満室になり、その物件が吸引力となってクリエイティブな人たちが集まり、近隣エリアに波及効果が生まれるからだという。

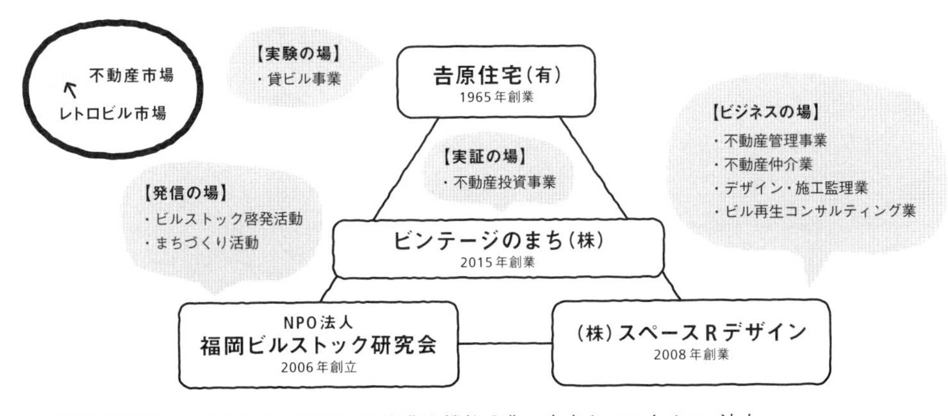

◎吉原勝己氏の手掛ける不動産再生事業を機能分化・自走させるための4法人

再生された「山王マンション」(この頁すべて)。
上左はイベントでカラフルに彩られた耐震用ブレース。
上右は住戸305号室のインテリア。
中左は住民参加の餅つきイベント

「山王マンション」の1階「山王シェアカフェ凹ポコ」にて開催されたオープニングイベントの様子

「新高砂マンション」1階にて開催されたイベント「清川リトル商店街」

再生された「新高砂マンション」（この頁すべて）。
中右はたくさんの観葉植物が置かれた1階ラウンジ。
下左は住戸408号室のインテリア

築古不動産の再生を推進するうえで、培ってきたコンサルティングのノウハウも特徴的だ。具体的には「共感不動産」というコア概念を中心に四つのデザインを組み立てている［下図］。つまり①経営：コンセプトのデザイン、②建築：場のデザイン、③不動産管理：関係性のデザイン、そしてそれらを包み込みまとめる④時間のデザインである。

また（株）スペースRデザインでは不動産再生のコンサルティングをワンストップで、以下の八つの業務に分けて対応している。

1. ビル経営コンサルティング
2. マーケティング・企画・提案
3. 設計デザイン
4. 工事監理
5. プロモーション
6. 不動産仲介
7. ミュニティ育成型ビル管理
8. ビンテージビル文化啓発

これら八つの業務を「共感不動産」という一貫したコンセプトを柱に、職人や建設会社、仲介会社や管理会社ともコラボレーションしつつ不動産オーナーへのビル経営再生コンサルティング業務を推進していく。

このときに大事なことは、コンサルティング業務を始める前にまずはNPO法人福岡ビルストック研究会が運営するオーナー会に入ってもらったり、主催するセミナーや見学会に参加してもらうことだという。そのビルオーナー等のクライアントが“お客様”になってしまうのではなく、自ら自分ごととして動けるような資質があるかを見極めたうえで、一緒に歩調を合わせて共感不動産経営者としてその思いを実現することが大切になる。

団地再生へ：「コーポ江戸屋敷」

福岡県久留米市にある「コーポ江戸屋敷」は、RC造4階建て16戸が3棟の、全部で48戸の団地である。一戸当たりの延床面積は60㎡程度だ。こういった物件の

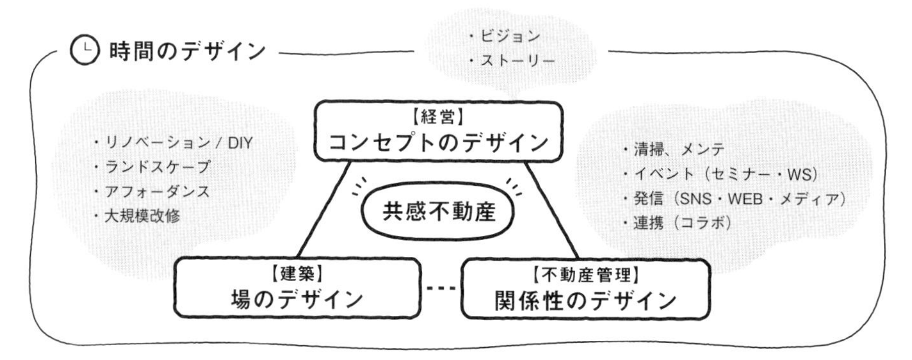

◎（株）スペースRデザインが提唱する「共感不動産」の四つのデザイン

例に漏れず、空室が増え続けている状況で前オーナーから相談を受けたのは、2014年のことであった。2015年に前オーナーから引き継ぎ、ビンテージのまち(株)を設立して、本格的に団地再生をスタートさせた。2016年には久留米の賃貸オーナー半田兄弟(合同会社H&A brothers)と一緒に合計5室のリノベーションに取り組み、不動産再生を始めるが、経営は難航した。久留米市の市場では家賃アップが受け入れられず、リノベーションに投資した分の改修ができない。また既存の住民らが、新しい動きに逆らうように次々に退居してしまい、家賃収入が落ち込んでいく。

そこで方針を変更し、2016年にはチームネットの甲斐徹郎さんを招きシンポジウム「コミュニティデザイン&エコリノベカレッジ」を全6回で開催。コミュニティ・デザイナーとして半田兄弟に着任してもらい、住民らと一緒になって共感不動産をどのようにプロデュースするのか、建物にどんなシーンがあったら良いのか、具体的なシナリオを描き出した。たとえばみんなで花壇やウッドデッキをつくること、あるいは持ち寄りパーティやマルシェの開催などいろんなアイデアを出し合った。

また小径をつくるなど団地全体のランドスケープをみんなで改善していくことで場の魅力を向上させた。するとリノベーションとは違う効果が現れた。ランドスケープは外部にあり、どの入居者も継続的に関われる。さらに団地全体の景観や変化が可視化され、共有される。

◎「時間のデザイン」の詳細

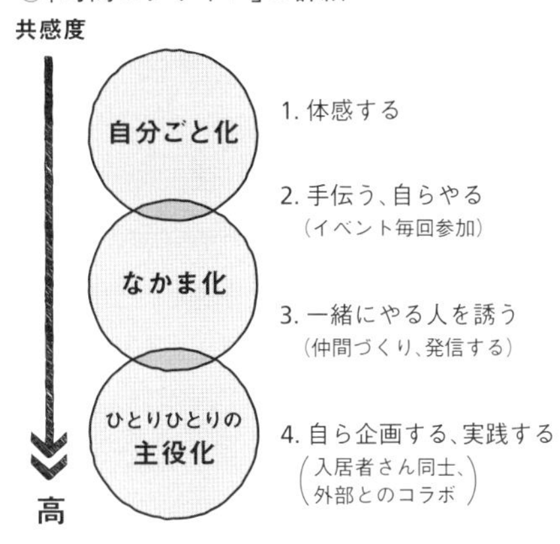

「共感デザイナー」として半田兄弟が中心になり、日々のできごとや住民の声を丁寧に拾い上げ、構想を具体化し、価値観を共有する。そしてそれを体感できるイベントにしつつ、その変化を入居者や参加者が自分ごととして捉えるというサイクルができた。

次第に想像もしなかったような入居者らが現れた。団地の中でパン屋、クリエイター&DIYer、コーヒー屋、職人シェアオフィスなどが生まれたのである。この工事職人らが集まった職人シェアオフィスは年々パワーアップし、団地にウッドデッキを製作したりと団地の変化にも貢献をしている。

リノベーションだけではなし得なかったような、場の価値、コミュニティのつながりの顕在化、関係性の広がりが生まれ、住民自らが自分ごととして自走しながら価値が向上していくような新しい「共感不動産」というコミュニティが生まれた[上図]。

文:田島則行

再生された「コーポ江戸屋敷」（見開きすべて）。
上左は共用部に設置されたウッドデッキ。
上右はroom01のインテリア。
中左は流しそうめんのイベントの様子

「コーポ江戸屋敷」中庭で開催された「江戸屋敷 隣人まつり」

◎「コーポ江戸屋敷」外観パース

◎「コーポ江戸屋敷」配置図

山王マンション

◎概要：

RC造マンション。2000年頃には空室も増え老朽化により入居者が激減するなか、リノベーションによって家賃収入を増やし、空室率減少を実現した。リノベーションによる不動産再生の先駆け

◎運営：吉原住宅（有）

◎所在：福岡県福岡市博多区博多駅南

◎用途：集合住宅

◎構造・規模：RC造・6階建て

◎完成：1967年築

◎事業の形式：賃貸マンション

◎アセット規模：1階 テナント4室、2〜6階 住居45室 リノベーション部屋30戸

◎元の用途：集合住宅

新高砂マンション

◎概要：

民間による公団団地。個性のない団地仕様をリノベーションすることで部屋の価値を上げ、同時に入居者らの活動をつなげた"共感"により不動産再生を実現した

◎運営：吉原住宅（有）

◎所在：福岡県福岡市中央区清川

◎用途：集合住宅

◎構造・階数：RC造7階建て

◎完成：1977年築（取材時築47年）

◎事業の形式：賃貸マンション

◎アセット規模：58室

◎元の用途：民間公団団地（公団設計による民間の集合住宅）

コーポ江戸屋敷

◎概要：

3棟48戸の集合住宅。リノベーションに投資して家賃を上げることが難しい土地柄から、コミュニティ・デザイナーを配置し、住民らと一緒にシナリオプランニングやワークショップを実施することで"共感"による不動産再生を実現した

◎運営：（株）スペースRデザイン、合同会社H&A brothers

◎所在：福岡県久留米市江戸屋敷

◎用途：集合住宅

◎構造・規模：RC造・4階建て、3棟48戸

◎完成：1978年築

◎事業の形式：賃貸団地

◎アセット規模：3棟48戸

◎元の用途：団地（集合住宅）

コミュニティ事業と地域再生をつなげる手法

内山博文　つくばまちなかデザイン株式会社
河野直　合同会社つみき設計施工社
松島孝夫　株式会社エンジョイワークス

共感を生む仕掛けづくりが大切

──「コミュニティ・アセット」を中心とした事業を立ち上げ、成長させてきた3人にお話を伺います。成功のキーだったと思うポイントを教えていただければと思います。

松島：僕らの会社の創業者2名が外資系の金融出身なのですが、プライベートバンカーをしていたこともあり、どんなプロジェクトでも事業者の話しをよく聞き、分析して、丁寧に対応・解決することが身についており、その姿勢がスタッフの行動の軸となっていると思います。そのうえで、社のコンセプトとして「まちづくり仲間を増やす」を掲げています。

まちづくりにつながるプロジェクトを不動産事業で関わるところからスタートして、あとから建築設計や場の運営、さらにはシステムエンジニア分野の社員を増やしていったことで、さまざまな事業に対応し、たくさんの「まちづくり仲間」を増やし、会社も成長してきました。

内山：僕も松島さんも前職でコーポラティブハウスのコーディネイト業務に関わっていました。エンジョイワークスも“共感”という言葉を使っていますよね。コーポラティブハウスでは、経済合理性だけで参加される方はのちにトラブルを起こしてしまうのが常ですので、参加者から最終的な組合員を選ぶ段階で、“共感度”を測る必要がありました。そこでの経験が、現在のビジネスの端々に生きています。

河野：たいへん共感します。合同会社つみき設計施工社もかたちは違えど参加型であることに事業のコアがあるので、共通するところが多いですね。

エンジョイワークスでは、プロジェクトの参加者が事業を一緒に考えていくというのがすごく面白い。一方で、誰がリーダーシップを取るのか、事業の質がど

つくばまちなかデザイン（株）が運営する「co-en」。つくば市を拠点に成長する企業や活動する人を応援する場

合同会社つみき設計施工社が設計・リノベーション施工管理およびPRを手掛けたシェアアトリエ「123ビルヂング」

（株）エンジョイワークスが企画・設計を手掛けた「The Bath & Bed Hayama」。古い蔵を宿泊施設として再生した

のように担保されているのかといったところが気になりました。

松島：ある程度は事業の軸やコンセプトが決まっているので、その辺りで事業の質が担保できていると思います。

河野：合同会社つみき設計施工社も参加型プロジェクトを中心に手掛けているので、私たちがどこまでイニシアチブをもってコントロールし、どこまでを参加者に委ねるのか、毎回微妙な調整をしながら仕事しています。

とくに設計のような思考する部分でどのように参加してもらうのかは、車を運転しながらどこまでハンドルを放せるのかというような、度胸を試されているような気さえします。参加型では事業者がリードすべきところと、参加者に委ねる余白があるということに共感しました。

内山：余白のつくり方はすごく大事だと思います。僕らが決めてリードする部分、使い手に話し合って決めてもらう部分をどのように考え決めていくか。あまり決めすぎても反発されてしまいかねません。ただリードしないと間違った方向にいったりもしますので、上から押さえつけずに、「緩やかな専門家」というスタンスを取りながら、しっかり導いていく必要があります。こういった経験はシェアハウスのコミュニティづくりにも生きていますね。

自分ごととして参加してくれる「当事者」を増やしていく

──内山さんは㈱リビタでシェアハウスをたくさん手掛けてきて、シェアハウスのビジネスを日本に定着させた一人だと思いますが、そのときの経験が生きているのはとても面白いですね。

また㈱都市デザインシステム〈現・UDS㈱〉にいらした際に手掛けた初期リノベーションに目黒の「Hotel CLASKA」がありました。そこでは上層階の入居者が自ら壁を塗って、工事に参加していました。あれは今日の参加型リノベーションの原型といえますね。

内山：あれはお金がなかったからですね(笑)。下層部のホテルの改装に全部使い果たしちゃったから。ない袖は触れないからこそ、いろいろ考えるわけで…。結果、上階は使い方もSOHOでも住宅でもなんでもよい代わりに、DIYをしてもらうというのを条件としました。

退出時には、次の入居者がそのままで継いでくれるのであれば原状回復は必要なしとしました。今は定着しつつあるDIY型賃貸の原型かもしれませんね。当時は斬新な考え方でした。

──「スウェット・エクイティ」という言葉があります。汗の権利、汗の財産という意味です。1970年代、ニューヨークのサウス・ブロンクスの廃墟となった一角のビルを自分で修繕したら住んでもよいというプロジェクトが実施されたのですが、そのときに生まれた言葉ですね。一緒に汗をかくことで、自分も地域のメンバーであるという共感が生まれ、権利を得ることができるのですね。

河野：僕もその言葉は大好きです。一緒に汗をかいて手でつくり上げていくと、たった1日でも本当に人と人、人と場の関係性を変えてくれるんですね。

松島：自分たちも河野さんのようにお施主さんやまちのかたと一緒にものをつくるということをしますが、それを突き詰めているのはすごいですね。参加した方が「ここは俺が塗った」と参加したことを誇りに思ってくれるようになる。

僕らのファンドに投資してくれている方もそんなふうに思ってくれると嬉しいです。

内山：河野さんの活動ですごいのは、千葉の市川市というエリアに特化して続けてこられたことです。元々そのような価値観が顕在化していない場所で「自分ごと」として参加してくれる「当事者」を増やしてきた。それは細かいところにこだわってきたからこそで、僕らもコーポラティブ事業では参加者を「お客さま」と呼ぶなと教育していました。説明会での挨拶でも「いらっしゃいませ」ではなく「こんにちは」。お客さま扱いされると当事者という感覚がなくなってしまうのです。

（株）エンジョイワークスさんもバーベキューから始めるといっていて、いわゆる「お客さま」との関係にはしてないんですよね。

松島：自分たちは「まちの仲間を増やす」といっているのですが、「買主と売主」、「施主と設計者」というような、対立してしまいがちな、典型的なビジネス関係にはしないようにしています。出資している側が場所を使ったり泊まったりと、「出資者と事業者」という立場が逆転することもあります。

コミュニティ・アセットのもつ可能性とは

——コミュニティ・アセットについての考えを聞かせてください。

松島：みんなで一つの事業をつくるにあたり、お金を出したり、作業を一緒に行ったり、運営のアイデアを出したり、ロゴをデザインしたりなど、さまざまな方法で事業に関われるようにしています。この仕組みで事業におけるコミュニティが醸成され、その中心にアセット（不動産）がある。アセットを扱ったほうがみんなの共感を得やすいし、体感できてわかりやすいのが良いですよね。

内山：ぼくは不動産建築業界に長く居座る坪単価とかレンタルブル至上主義みたいな常識が、本当にまちにとって価値のあるものを提供するという考え方から距離をつくってしまうと感じます。

僕らはレンタブル比をあえて下げてでも意図的に余白をつくっています。余白に人が集まり、やがて周辺の家賃や坪単価を押し上げます。

一見、レンタブル比を下げることで事業性が下がっているように見えますが、じつは全体として地域の価値を上げることができているんですね。

河野：人間には、つくることに対する根本的な欲望があると思います。誰かと一緒につくるということは、生きることの一部ではないかと、いつも考えています。そういう意味で、ともにつくるという行為からくるパワーのようなものと、リノベーションの現場となっているアセットが噛み合って、熱気と共感が生まれるのではないでしょうか。

（進行：田島則行）

各地のプレーヤーに知識とネットワークと手法を伝えていく

吉原勝己　吉原住宅有限会社、 株式会社スペースRデザイン

ワンストップの賃貸再生企業を目指して

──吉原さんは吉原住宅（有）では不動産オーナーであり、（株）スペースRデザインではコンサルタントを、NPO法人福岡ビルストック研究会ではまちづくりを、さらにビンテージのまち（株）では投資をと、多岐にわたり活動されています。一人でプレイヤー側と支援者側、普及する側のすべてを担っていて、一人で「中間支援組織」を取りまとめているようなものですね。

ノウハウの積み上げやその普及、基礎や周辺環境をつくること、資金調達など、吉原さんが築いたものはたいへん有意義で、このノウハウが広がれば全国で空きマンションの活用の可能性が高まります。

吉原：そうですね。ただ今でもう十分楽しいので、これ以上大きくして忙しくしたくないと思っています。ですから、どなたかがこのような感じで大きくする事業をつくってくれると、日本全体にいきわたるのではないかという気はするのですが。

──現在すでに各地のプレーヤーに知識とネットワークと手法を伝えていくことができているように思います。

吉原住宅（有）は自社物件の運用を、（株）スペースRデザインではコンサルタント業を担っています。コンサルタント業を始めたのは何年頃でしょうか。

吉原：2008年です。軌道に乗ったのが5年後で、2013年頃から独り立ちしました。家具デザイナーの知り合いが入社後、リノベーションデザインをかなり一生懸命研究してくれて、そのデザインをオーナーさんたちが受け入れてくれるようになってから、格段に仕事が増えました。当時のオーナーさんたちにとっては、シナベニヤの仕上げはあり得なかったんです。ただそのデザインでも入居者が決まるようになって、受け入れてくれるようにな

吉原住宅(有)が運営する「新高砂マンション」。空間のリノベーションと、入居者らの活動をつなげた"共感"により不動産再生を実現した

りました。そこが賃貸の面白さでもあります。

(株)スペースRデザインは零細企業ながら、「ワンストップで賃貸再生をできる会社をつくる」という思いが、ずっと経営の原点にありました。

危機感が空き家再生のエンジンに

──アメリカにはLISC(Local Initiatives Support Corporation)というフォード財団が投資してつくった中間支援組織があり、各種のNPO組織に、資金調達と人材派遣、専門知識の伝達を行なっています。このLISCがアメリカ全土で50あり、国全体で5000ものNPOをつくっているのです。それはすごい一大モデルです。それが日本にもできれば良いと思っています。

吉原：確かに、日本も地方がどんどん衰退していってます。地方の不動産が入手しやすくなったとも言えるので、そのような組織ができれば地方での可能性が広がりますね。

最近、福岡県久留米市で団地を購入したのですが、久留米のようなそれなりに人口も多くて、質のいい老朽物件がある地域が全国にもっとあるはずです。

──九州というのは、外から見ると文化的に面白い地域だなと思います。明治維新頃から、東京のような中央と一緒だと思ってない、自分たちで動くという意識があるように感じます。ほかの地方都市だと、大都市を真似すればいいというような風潮もあるように思うのですが、九州は東京や大阪に動きが遅れを取らず、ほぼ同時か、九州のほうが早いくらいです。

吉原：やはり、中央には頼れない、自分たちで何とかしないといけないという気持ちはかなり強いですね。

──吉原さんの管理されている福岡県の博多の「新高砂マンション」を見学させていただいたときに、1階でアートの展示とマルシェが開かれていました。そのときに、全員が自分の面白いと思っていることを自分の言葉で説明されていたのが印象的でした。

吉原：それは面白いですね。先ほどの九州の地域性の話にも関係しますが、九州のなかでもそれぞれの地域でカルチャーは全然違っていますし、幕末は戦争し合った仲ですが、みんな「九州が大事」という根っこがあって、また九州全体が衰退しているという共通の観念のなかで、九州の人たちの仲間意識が高まっているように感じます。

──先日、島根県の石見の青年会議所に呼ばれて、空き家再生の話をいろいろとしてきました。遠い地域に住む大家の2代目、3代目が集まって、交流して知恵を出し合い、新しいことをやろうとしているのです。ああいう雰囲気は、東京では絶対にないですね。危機感をもっている地方のほうが今後、地域再生は盛り上がるのではないかと感じました。

吉原：地方は課題が多いですからね。にっちもさっちもいかない追い詰められた状態で、人は初めて動くものですから。もしうちの親がすごくきちんとした人で、きちんとした状態で受け継いでいたら、僕は全部、管理会社に任せていたと思います。危機に直面したおかげで、結果として、色々と工夫をしなければなりませんでした。それが良い結果につながったと思っています。

（聞き手：田島則行）

社会性のある私欲[*1]：バンコクのリノベーションプロジェクトから

権藤 智之

芸術、美学、音楽、演劇のための複合施設"Galile Oasis"。コンサートやワークショップなどに使われる（fig.1）

高感度の複合施設："Galile Oasis"と"Ground for"

2023年12月、バンコクでいくつかのリノベーションプロジェクトを見学する機会を得た。"Galile Oasis"（fig.1）は、2棟のショップハウスをリノベーションした複合施設である。築40年ほどの2棟の間は広場として開放され、建物1階の1スパン分は壁が取り払われて広場とつながり、コンサートやワークショップ、マーケットなどさまざまな用途に使われる。

過密な地域の生活向上に資するため、また芸術、美学、音楽、演劇のための自由な場とすることを所有者が望み、大学時代の教え子が企画・運営に携わる。劇場やアートスペースの資金をまかなうために、上階はホテルとして運営されている。

"Ground for"（fig.2）は、バンコク北部のBTS（高架鉄道）沿いで若手の建築家が運営する複合施設である。2棟の連続したショップハウスを上階では壁を抜くなどしてつなぎ、設計事務所、ギャラリー、カフェなど多様な用途として使われる。設計事務所が建物全体を借りて、友人のテナントに周辺の相場よりも安い賃料でサブリースしている。気心の知れた人が同じ建物内に活動している心地よさがある。

若手の建築家が運営する複合施設"Ground for"。設計事務所、ギャラリー、カフェなどが入居する（fig.2）

*1　この言葉は、経営者・アーティストの遠山正道氏が用いる『社会的私欲』という言葉から影響を受けた

どちらも運営する側の人間性が建物や使われ方にも現れており、既存のストックを活かした南国らしい開放感や、既存建物の劣化の具合も相まった陰影のある表情も共通していた。

社会性に重点を置いたプロジェクト“FREC Bangkok”

都市リサーチグループUSLが運営に関わる“FREC Bangkok”。八つのNPOが入居する(fig.3)

こうした高感度なリノベーションのプロジェクトと少し毛色が異なり、プロジェクトの社会性に重点を置くのが、都市リサーチグループUSL(Urban Studies Lab)が運営に関わるNang Loeng地区の“FREC Bangkok(Ford Resource and Engagement Center)”(fig.3)である[*2]。

IMF危機などによりバンコク市内には現在でも建設途中で放置された建築が見られ、社会の高齢化が始まったといわれるものの、総体的に見れば、バンコクは発展を続けてきた。本書で取り上げられている欧米や日本の事例のように、栄えた地域が衰退し、建物ストックが余っているわけではない。むしろ、栄えることもなく開発から取り残された地域がある。

Nang Loeng地区は王宮に近く、王族に仕えた使用人が住むエリアだった。バンコク中心部よりも少し北側にあるが、この地区の西側、王宮のあるチャオプラヤ川側は旧市街で、有名な寺院や観光地を抱える。東側はサイアム地区など新たに発展したエリアで、BTSが通る脇に巨大なショッピングセンターが建ち並び、こちらも多くの観光客や若者で賑わう。伝統的か現代的かという違いはあるものの、発展し注目を集める地区に挟まれ、そこから取り残されるようにNang Loeng地区は存在している。バンコクで高齢かつ低所得の住民の割合がもっとも高いともいわれる地域で、子どもは少ない。BTSはじめ公共交通機関でのアクセスがしにくいこともあり、家賃が比較的安く、移民が多く集まる地域でもある。

このような問題を抱えた地区に、“FREC Bangkok”は開設された。FRECはフォード財団(Ford Motor Company Fund)が、従来とは異なる方法で地域コミュニティをサポートするNPOを集めて場をつくり支援するプログラムである。FRECは2014年にデトロイトで始まった。2016年に南アメリカのPRETORIA、2018年からルーマニアのCRAIOVAと続き、バンコクに世界で4番目、アジアでは初めて2019年に開設された。

“FREC Bangkok”では八つのNPOが活動しており、キュレーションはフォード財団が行った。若くイノベーティブで

*2 FRECはLove Wild Life, Scholar of Sustenance, Precious Plastic Bangkok, Creative Migration, SATI foundationとUSLの6者で運営される

起業家精神があり、コミュニティを指向した活動をしていることが入居の条件である。"FREC Bangkok"は現在、10年ほど前に閉鎖になった高校の建物を使って運営されており、手狭になったため、隣の小学校だった建物も活用する計画がある。通りから少し細い路地を入った先に建物があり、3階建の建物の部屋だけでなく、中庭や周囲の倉庫なども活用しながら多様な活動が行われている。冒頭に挙げたプロジェクトに比べれば建物のデザインは素っ気ないともいえる。

"FREC Bangkok"で活動する八つのNPO

"FREC Bangkok"で活動する八つのNPOのうち、いくつかをここで紹介しよう。

Precious Plastic（fig.4）は、プラスチックを回収し、溶かして別の椅子や照明にアップサイクルをする、オランダ人のDave Hakkensが2013年に開始したNPOである。廃プラスチックを加工する機械やノウハウをオープンソース化し、2024年現在、世界56ヵ国に拠点がある。訪れた日には、さまざまな色のペットボトルの蓋を分けているところだった。

プラスチックをアップサイクルするNPOのPrecious Plasticの事務所（fig.4）

SOS（Scholars of Sustenance）は2012年にデンマーク人のBo H.Holmgreenが設立したNPOで、2015年からタイで活動を開始した。廃棄食材の有効活用と飢餓の解決を目的としており、ホテルやレストランから廃棄される食材を受け取り、周辺のコミュニティで必要とする人びとに届ける。2016年以降は、タイ各地およびインドネシア、フィリピンでも活動している。

SATIは貧困、ドラッグ、性産業などの危機にさらされる児童を救うための教育活動を実践する。2013年にタイで設立され、カウンセリングやワークショップ、職業訓練等を行う。Nang Loeng地区には、ミャンマーやカンボジアの移民の子どもも多く、こうした子どもたちに学ぶ機会と場を提供している。ほかにも校舎だった建物の裏手に回ると、生物多様性の保全を目的としたコミュニティガーデンがあり、その横には余った食材を肥料に使うためのコンポストワークショップを行う場がある。ギャラリーではアーティストが制作中で、2階には学校のない日に周辺の児童が使える図書室がある。部屋の中にはフォードの工場からもってきた荷台が置かれていて遊具のように機能していた。

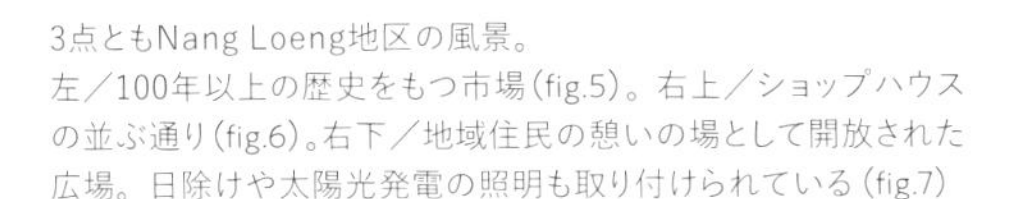

3点ともNang Loeng地区の風景。
左／100年以上の歴史をもつ市場（fig.5）。右上／ショップハウスの並ぶ通り（fig.6）。右下／地域住民の憩いの場として開放された広場。日除けや太陽光発電の照明も取り付けられている（fig.7）

都市研究・コンサルティング組織：USL

こうしたNPOの一つとしてUSLは“F-REC Bangkok”に事務所を置き活動している。USLは都市の研究・コンサルティングを行う組織であり、“FREC Bangkok”が開設される際にはUSLがNang Loeng地区の調査を行った。成果はインターネットでも公開されている*3。USLは、より包摂的でレジリエントで多様な都市をつくるために行動することをミッションとし、2018年に民間企業として設立された。Nang Loeng地区のレポートを読めばわかるが、大学や行政とも協働しながら、地域の分析を緻密に行い、これを元にさまざまな活動を実践している。調査のための調査に終わることをよしとせず、活動はボトムアップで地域密着的である。たとえば、パンデミックの期間中には、Nang Loeng地区に多いカフェなどの飲食店をサポートすることと、住宅から出ることが難しい社会的弱者救済のために、カフェや飲食店の食べ物を詰めた“Nang Loeng in the Bag”をつくり配布した。

USLが住民のサポートを行うNang Loeng 地区とは

Nang Loeng地区には100年以上の歴史をもつ市場（fig.5）があり、市場のまわりは活気がある。一方で、通りに並ぶショップハウスも歴史的に価値のあるものだが、シャッターが閉まったり、外部から空き家とわかるものも多い（fig.6）。

市場を含めてNang Loeng地区のおよそ70％はCPB（Crown Property Bureau：王族の資産）が所有するといわれる。その

*3　Nang Loeng地区調査報告書
（https://issuu.com/usl.bangkok/docs/frec_report_03082019_-_final_-_page）

ため賃料は低いものの、再開発の計画もあることから住民や商店主が長期間借りることは難しく、また住民にとってCPBを相手に何か申請や手続きを行うことは手間や時間も掛かる。そのため、歴史的なショップハウスや市場を活用し、より良くしていきたいと考えていても、住民が手を加えることは難しい。こうした申請や手続きをサポートするのもUSLの仕事の一つである。

市場の近くにある広場は、コンクリートが敷かれた空き地だった。バンコク市のインフラに関わっており、建築は建てられないし、電線を引くこともできなかった。ここに日除けを、そして太陽光発電の照明も取り付け、地域住民の憩いの場として開放した（fig.7）。

USLはチュラロンコン大学とのワークショップでの提案から、住民らによる公園管理委員会の設立を促し、CPBや地域事務所とも協議し、BMA（バンコク首都圏庁）から支援を取り付け、FRECを作業スペースとして用い、SOSから植物を提供してもらうなど、多数のステークフォルダーを結び付ける役割を果たした。USLによれば、地方よりも都市の貧困のほうが深刻ともいえる。

地方であれば、自分の畑で食べ物をつくることができるが、都市部ではそうしたこともままならない。発展する地域に挟まれた地域で、貧困等に加えて、複雑な主体感の関係や制度的なハードルの高さもあり、住民は主体的に活動しにくい状況にある。

USLの活動は、さまざまな文脈ががんじがらめになったような地域のなかで、その関係性を結び付け直すようなものといえよう。

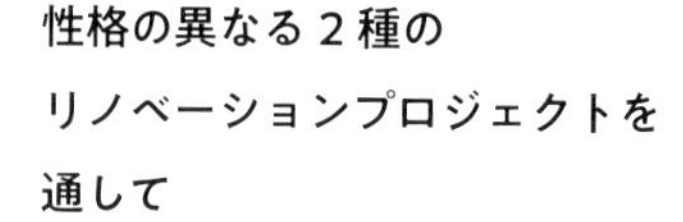

性格の異なる2種のリノベーションプロジェクトを通して

“FREC Bangkok”やUSLの取り組みは、社会性があり、公平で、説明可能である。文句の付けようがない。プログラムの社会的意義は疑うまでもなく、綿密なリサーチにもとづいて論理的に導かれ、ボトムアップで地に足の付いた取組みがなされる。ないものねだりで気になった点を挙げれば、このような秩序だったプログラムでは行えない活動もあるのではないだろうか。

冒頭のような、劇団の指導者が劇場を組み込んだ施設をつくる、知り合いのアーティストを呼んで居心地の良い空間をつくる、といった私的で内発的な動機にもとづいたプロジェクトは、論理的で公平な社会的プログラムに組み込みにくそうであるが、そうしたところからたどり着ける公共性もあるのではないかとも感じた。

遺物を活かす空き家再生の提案

山崎 亮

戸建て住宅の空き家に興味がある

興味があるものの、どう取り組めばいいのかがわからない課題がある。そのことについて書いてみたい。

まず興味の対象を絞ることにする。私は「使われなくなった空間」に興味がある。日本の総人口や世帯数が減る時代、この種の空間が増えていくことが予想されるからだ。「何かできるんじゃないか」という予感がある。

「使われなくなった空間」の所有者は、概ね「行政と民間」に二分される。行政財産である各種公共施設が使われなくなったとき、それをどう活用するかを検討することも興味深いものの、これについてはコミュニティデザインの手法を用いて何度か検討したことがある[*1]。だから今は民間の「使われなくなった空間」の活用方法に興味がある。

民間の「使われなくなった空間」には、事務所や店舗などの空間と、集合住宅や戸建住宅などの空間がある。事務所や店舗などの空き空間にも興味があるものの、立地を考えれば不動産屋や開発業者が事業を企画し、次の借り手を見つけることができる可能性が高い。

それに比べると住宅における空き部屋や空き家は次の借り手を見つけるのが難しいものが多い。集合住宅にも空き部屋は増え続けているだろうが、集合しているという意味で「まだ何かできそうだな」と感じることが多い。その点、戸建て住宅が空き家になった場合、立地によっては「無料でも引き取り手がいない」という状態になりかねない。親族が集まって「どうしようかね」などと話し合うが結論が出ない。都市部以外の地域で住民とともにワークショップをすると、こうした空き家に関する悩みをよく耳にする。何とかしたいなと思う。

*1　市民会館跡地を活用した「立川市子ども未来センター」など

空き家の活用方法

不動産市場で流通する空き家は、次の借り手が現れて住宅として活用されるから問題ない。そのとき、もし空き家を公共的な空間として活用することができれば、その地域にちょっとした変化が生まれることになるだろう。地域福祉の拠点であったり、社会教育の拠点であったり。地域の人々がそこに集い、学び合い、対話し、つながり、活動が生まれるような拠点。そんな拠点が生まれると、地域の雰囲気が少しずつ変わっていくはずだ。

「空き家をリノベーションして古民家カフェを始めました」というのも悪くないが、その場所が同時に福祉的な役割を果たしたり、教育的な役割を果たしたりしていると嬉しい。上述の通り、地域に変化が生まれそうだと期待できる。つまり、空き家活用が単一機能ではなく複合機能であることに興味がある。

またオーナーや店主が自ら機能を担うのみならず、地域住民などが企画をもち込み、さまざまな活動が住民によって開催され、そこに新たな住民が参加するという構図に興味がある。オーナー自らがイベントを開催し続けるという空き家活用には限界があるように思えるからだ。つまり、私が興味のある空き家活用は、オーナーがきっかけとしてのイベントなどは行うものの、参加する地域住民がつながり、自分たちでも活動を企画し、準備し、実行できるようなものである。

そんなふうに運営される空き家活用において、どんな空間やどんな什器やどんな道具が必要なのか。オーナーはどんな人柄で、きっかけとしてのイベントはどんなもので、家の履歴はどう伝えられるのがいいのか。そんなことに興味がある。

空き家の中に詰まっているもの

さらに興味があるのは、家の中に詰まっている物の取り扱いである。たとえば、戦前生まれで戦後の物不足を経験した世代を第一世代としてみよう。第一世代にとってすべての物は貴重である。紙袋もビニール袋も、包み紙もビニール紐も、すべて畳んだり丸めたりして保管する。ヤクルトを飲み終わるとプラスチックの瓶を洗って保管する。

一方、戦後生まれの「団塊の世代」はそれを貧乏くさいと感じる。この「第二世代」は第一世代のように何でも保管するのではなく、世間一般に価値があるとされるものを収集する。骨董品や書籍や美術品などを集めて、身のまわりに置いておきたいのだろう。第一世代よりも価値があるものを集めているとはいえ、「物を集めて保管しておく」という点は共通している。

そんな団塊の世代から生まれてきたのが「団塊ジュニア世代」である。この第三世代が今後、第一世代や第二世代の家を相続することになる。第三世代は「物に執着しない」生き方を選ぶ人も増えてきたが、そんな彼らがある日、第一世代や第二世代から大量の「物」を引き継ぐことになる。古い住宅とともに。第三世代の一人っ子同士が結婚して、自分たちの家を手に入れたあとで、それぞれの両親が亡くなると、物が詰まった家を２戸相続するわけだ。

すでにこうしたことは始まっている。現在60代の方々が、80歳以上だった両親を亡くし、彼らが集めた大量の書籍や、芸術家の父がつくった大量の作品などを相続している。なかには、父が集めた大量の石や、母が集めた大量の布を空き家とともに受け取る場合もある。

物の活用

さて、こうした空き家を相続した場合、前述の通り、願わくば「地域住民が集うことのできる拠点」として活用してもらいたい。しかし、多くの場合はその住宅をカフェにしたり、子育て支援施設にしたり、小規模多機能型の介護施設にしたりする。ゲストハウスにしたりコワーキングスペースにすることもある。相談を受けた建築家は、古い住宅の構造や断熱を検討し、「あっと驚く匠の技」を披露し、開放的で明るいオシャレ空間を実現させたりする。

このとき、人知れずリサイクルショップに引き取られたり廃棄されたりしているのが「家の中に詰まった物たち」である。事業者にとっても設計者にとっても、前の居住者の趣味で集められた物たちは「邪魔物」である。「カビが生えているから」「汚れているから」「偏った趣味だから」「活動スペースが確保できないから」「維持管理が難しいから」など、さまざまな理由をつけて遺された物たちは排除される。そしてオシャレ空間が実現する。

しかし、そうした邪魔物たちもうまく活用できれば、家の履歴や前の居住者の人生を地域住民と共有したり、同じ趣味の人たちが集うきっかけになったり、同種の物をさらに収集することができたりするだろう。ある分野の書籍が大量に遺された場合、同じ分野の本を全国から集める取り組みが始められるだろう。貴重な石にしても布にしても集められる。そして、それをどう活用するのかは、相続した人の自由に委ねられているのである。活用方法を検討するところから、地域住民とワークショップで話し合うという手もあるだろう。それらを人知れず廃棄して、オシャレ空間にしてしまうのはもったいない。

物が詰まった家の活用方法

遺された物が貴重でなければ、それらの活用方法は自由度が増す。逆に、壊されたり盗まれたりしたら困るほど貴重なものを相続してしまうと、活用方法はありきたりな「ミニ博物館」「ミニ図書館」「ミニ美術館」的なものになってしまうだろう。全国からの寄贈を受け付けることも難しくなる。何しろ貴重な物なのだから、贈られてくるものをそこに混ぜたくないのである。

以上のように、私は第一世代や第二世代が集めた「飛び抜けて貴重というわけではない大量の物」を、うまく活用して福祉的な活動や教育的な活動を展開するようなカフェやホテルや雑貨屋を生み出すことに興味がある。それが実現すれば、公共施設としての美術館や博物館や図書館を補完するような小さな空間を地域に生み出すことができるし、地域住民が物に触れながら愉しんだり学んだり試したりすることができる貴重な空間となるだろう。

日本全国に850万戸以上の空き家が存在する。100戸に1戸が大量に物の詰まった空き家だとしても、全国に8万5000ヵ所の「物を中心とした地域拠点」の候補地があることになる。地域住民が協力し、さまざまな活動を展開しながら、ある程度の資金を循環させつつ、地域のための拠点を形成することができたら、その事例は全国の拠点にとって大きな参考になるだろう。

そんなことを考えながら、大阪府能勢町の空き家改修を進めている*2（fig.1、fig.2）。19世紀のイギリスで活躍したジョン・ラスキンとウィリアム・モリスに関する資料を大量に集めた第二世代が、それらをどうやって後世に遺せばいいのかわからないと相談に来たからだ。とりあえず一般財団法人をつくり、事業計画を検討し、仲間を集め、改修工事を開始した。しかし、まだ先は見えていない。プロジェクトの経緯をすべて記録し、もしうまく運営できるようになったら、ほかに困っている人の参考にしてもらえるよう書籍としてまとめるつもりだ。

上／「大阪ラスキン・モリスセンター」に納めた資料が置かれていた住宅室内の様子（fig.1）。下／「大阪ラスキン・モリスセンター」（fig.2）。家中に溢れたジョン・ラスキンとウィリアム・モリス関連の資料のなかから貴重なものだけを集め、住宅の隣に建つ蔵をリノベーションして避難させたのが「大阪ラスキン・モリスセンター」である

*2 「大阪ラスキン・モリスセンター」プロジェクト

Chapter

3

市民の汗のエリアマネジメント

Community
Asset
Practice

Case 7

空き家が増え続ける坂道のまちに立ち向かう

Interview

豊田雅子／
NPO法人
尾道空き家再生プロジェクト

Project

あなごのねどこ
みはらし亭

NPO法人尾道空き家再生プロジェクトは、尾道のまち並みを残すべく集まった数人の有志の活動から始まった。アーティストとのコラボレーションや修復ワークショップ、宿泊施設の運用などを推進している。

「あなごのねどこ」関係者集合写真

NPO法人尾道空き家再生プロジェクトから学ぶ実践のポイント

❶ 車が入れない坂道のまちは空き家だらけ

坂道と階段だらけのまちには、結果的に古い建物の残る歴史的なまち並みが保存された。しかし法的にも物理的にも建て替えが困難なために、観光客が集まる一方で、空き家が増え続けて限界集落化が進んでいたことを問題視した。

❷ 片付けることが、空き家再生の第一歩

車の進入が困難なため、空き家には遺品が残されたまま放置されており、再生が進まない原因となっていた。そこで、その備品を片付けて持ち帰ってもらう「蚤の市」や、運び出す「土嚢の会」から再生を始め、合宿やワークショップ形式で空き家再生を推進していった。

❸ 「環境+アート+コミュニティ+建築+観光」×空き家

廃屋を展示空間に変身させるアーティスト、建築士による空き家ツアー、大工や職人による修復の実践ワークショップ。そしてそこに集まる移住を希望する新しい住民たち。さまざまな人たちがつながり、コミュニティをつくりながらまちの再生を実現した。

❹ 小さな再生の連なりがまち全体の再生に

当初はボランティアで一つずつの再生を地道に進めてきた。空き家バンクの事業を進めながら、空き地を活用したり、空き家を片付けたりなどの地道な活動が、次のつながりや空き家の再生につながる。そして少しずつ規模の大きなプロジェクトの再生を進められるようになった。結果として点と点が結ばれネットワークとなり、まち全体への大きな波及力をもち、再生活動へと広がっていった。

歴史あるまちに増え続ける空き家

尾道といえば、その名を聞いたことがある人も多いだろう。瀬戸内海に面した港町であり、斜面に沿って多くの家屋が建ち並ぶ坂道と階段の美しいまち並みがある。小津安二郎の「東京物語」、あるいは、大林宣彦監督による尾道三部作と呼ばれる「転校生」「時をかける少女」「さびしんぼう」にも描かれた情緒あるまち並みの景観が人々を惹きつける。

海側に少々の平地はあるが、海岸線から少し内側を通る鉄道から先は急な斜面となっており、昔ながらのまち並みは車も入ることができない路地や階段となっている。今日の法律に照らし合わせれば十分な前面道路の幅が確保できていないことや、車による搬出入や工事が難しいことから、建て替えや戦後の新しい開発も進まなかった。幸運にもその美しい景観は残されたが、一方で、空き家は増える一方となり、数えてみれば500軒以上も空き家があったという。

NPO法人尾道空き家再生プロジェクトの始まり

元々、世界中を回る旅行の添乗員として仕事をしていた豊田雅子さんは、世界中のさまざまな集落を見てきた経験から、出身地である尾道の魅力を再認識するようになっていた。Uターンで尾道に帰省して子育てをしながら自分の足で空き家を探しているなかで、尾道の行政の方やアーティストらとつながりが増えてきたタイミングで、運命の「ガウディハウス」に出会ったという。

大林宣彦監督の映画やアニメにも登場していた「ガウディハウス」。ちまたでは有名だったこの家は、平坦な道路レベルから30段ぐらい階段を上がった中腹にあり、元々は別荘として建てられた。当時、高齢の女性が一人で管理していたが、足が悪くなってきたこともあり、手放すことを検討していたタイミングだった。活用したいと豊田さんが申し出たところ、「だったら購入してください」と言われて、思い切って購入したのが尾道の空き家再生の始まりである。

「尾道の空き家を再生します」と掲げてインターネット上でブログを始め、少しずつ建物の修復をコツコツと行っていくなかで、それを見た多くの人たちが尾道の空き家について問い合わせてくるようになった。合わせて100人ほどにもなったという。そんななかで「尾道空き家再生プロジェクト」という団体を立ち上げて、2007年に活動を開始し、2008年にはNPO法人化した。

環境＋アート＋コミュニティ＋建築＋観光：さまざまな空き家へのアプローチ

「ガウディハウス」をきっかけとして尾道の空き家の再生を進めていくなかで、

建築家やアーティストなど、多くの人たちが関わってくれるようになった。そして空き家を再生するうえで、五つのテーマを関連づけて考えた。「環境」「アート」「建築」「観光」、そして一番大事にしたのは、「コミュニティ」である。坂道が多い尾道は、古くから住んでいる高齢者が取り残されており、坂道とアクセス性の悪さから消防車も入れず、陸の孤島と化していた。

尾道には、時代時代のさまざまな様式の建物が建っており、まちを巡るだけで建築博覧会のような面白さもある。昔ながらのまち並みは南斜面に面して日当たりも風通しも良く、エアコンなどの機械に頼らずとも快適に過ごせる環境であった。観光という意味では、年間600万人を超えるような観光客が訪れるまちでありながら、そのメリットを十分に活かせないでいた。

手探りで進めるなかで、アーティストたちの視点に助けられた。空き家を完全に修復しなくても、その空き家のまま、アーティストらがうまくその空間を活用し、空間そのものを展示したり、あるいは現場で作品を制作したりと、まちや空き家そのものをギャラリーやアトリエとして価値を見い出してくれた。アートイベントを多くの人たちが見に来てくれて、尾道に興味をもってもらう機会をつくり出せた。また「尾道空き家談義」というイベントを100回ほど、空き家を修復するイベントも数多く行ってきた。

空き家再生の始め方

空き家再生を進めるうえで問題になるのが、空き家に残された遺品である。住んでいた人たちの残したものが、何十年も放置されて時が止まったようになっており、坂道も多いことから搬出が難しく空き家再生が進まない。そこで現地で「チャリティ蚤の市」を始めて、空き家に残されたものを整理して陳列し、多くの人たちに訪れ持って帰ってもらうことで搬出費用を軽減し、そして受け取ったものの代わりに投げ銭というかたちで寄付してもらう。その費用をまた空き家の再生の資金として活用していく。

「尾道建築塾」として、建築家や大学の教員らと一緒にまち歩きをしたり、現場の職人さんらに講師になってもらいワークショップ形式で建物の修復や仕上げを行う。あるいは空き家再生を応援しようという地元の企業の協力で、「土嚢の会」と称し空き家の多くのものをリレーで運び出したりと、人と人をつなげながら空き家再生を進めていった。

「ガウディハウス」から始まった空き家再生

「ガウディハウス」から始まった空き家再生活動であったが、「ガウディハウス」を起点にほかの空き家の再生に広がっていった一方で、「ガウディハウス」の再生

「あなごのねどこ」(見開きすべて)。尾道の平地側の商店街に建つゲストハウス。元は呉服屋として建てられ、最後に眼鏡屋として使われたあと、長い間空き家となっていた建物を再生した。間口4～5メートル程度、奥行きが40メートルもある

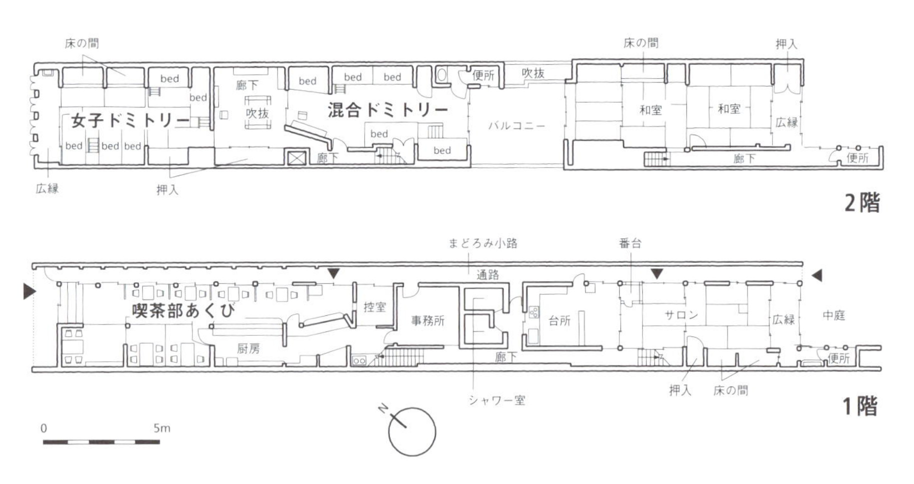

◎「あなごのねどこ」平面

虫篭のような手づくり和風ベッドが設置された2階のドミトリー。2階には寝室機能と図書室が、1階に受付やリビング、共有キッチンやシャワーがある

引き込まれるような「まどろみ小路」。入口から細長い平面をもつ建物の奥まで続く

「まどろみ小路」の商店街側にある「喫茶部あくび」。旅と学校がテーマ

は後回しになってしまい、アーティスト・イン・レジデンスなどを行いながらコツコツと再生を続けてきた。市の登録文化財にも登録された。結局、10年ぐらいかかって再生し、2020年の2月にお披露目会を行ったところ、3日間で1000人もの人々が来てくれたという。

そのほか手掛けたものとしては、昭和30年代に建てられたとんがり屋根の「北村洋品店」を、建築塾などを開始してワークショップ形式でみんなの力で一年掛けて再生して、子連れお母さんたちのサロンとして使用している。またそのすぐ裏手の空き家になっていた風呂なしトイレ共同の10部屋あるアパートを古本やアトリエ、ギャラリー、卓球場やカフェなどがある複合施設「三軒家アパートメント」として再生しNPO法人尾道空き家再生プロジェクトの事務所としても利用している［右図］。

また空き家バンク事業も尾道市と一緒に推進しており、13年ほど移住定住支援を行っている。民間が加わることで土日祝日や夕方以降も対応できることから広がりが生まれ、登録件数は56軒から今では約180軒に増加、利用者数も約1500人にも上り、成約件数も160軒を超えている。移住者は20〜40代ぐらいまでの若い人が多く、これから独立して仕事をしたい人たちが多いようだ。

そのほか産婦人科として使われてきた3階建ての建物を再生した「オノテツビルヂング」、あるいは木造3階建ての元

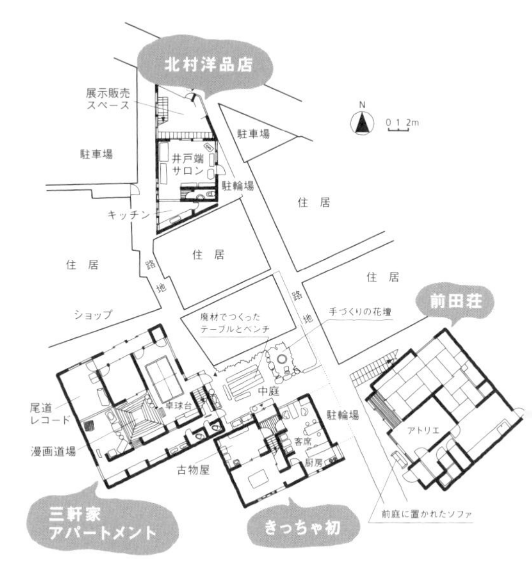

◎「三軒家アパートメント」界隈敷地・平面

料亭の再生など、多くのプロジェクトが進行している。

町家のゲストハウス：「あなごのねどこ」

コツコツと尾道の空き家再生に取り組んでいた頃、斜面地である尾道の坂側ではなく、線路から先の海側の平地、商店街である建物に出会った。2階建ての町家である。元々は呉服屋として建てられたが、最後に眼鏡屋として使われたあとは、しばらく空き家になっていた。敷地の広さは100坪を超えているが、幅の狭い敷地に40メートルもの路地が通っており、これほどの規模のものを再生するには相当の資金が必要で、当初は難しいだろうと考えていた。また車も入れる町側であれば、空き家再生のメンバーがわざ

わざ関わらなくても、市場側の不動産業者らに任せておけばよいとも考えていた。しかし現地を確認した際に体験した40メートルもの路地と、よく手入れされたウラ庭の面白さに引き込まれ、この建物を再生したいと思うようになった。

とはいえプロの職人さんや工事会社に発注できるほどの資金的な余裕はなかったが、NPO空き家再生プロジェクトの収益を安定させるための好機と捉え、ゲストハウスとして再生することになった。建築士や大工からのアドバイスをもらい、仲間で集まってコツコツと修復やリノベーションを施しながら、10ヵ月の歳月を掛けて再生した。元々の建物の良さや古さを活かして古材や廃材を活用してつくり込み、奥行きの長い「まどろみ小路」と名づけられた路地を、日本の風景や尾道の下町らしさ、味わいとして活かせるように工夫した。

路地の奥行きを活かして商店街の表側にカフェ「あくびカフェー」を設け、路地の途中には空き家から捨てられないものを集めた蚤の市「神田ハウス」、そして路地の奥深くには小さな本屋「紙片」を配置して、来訪者が興味本位で入り込んでくるような魅力ある路地の味わいを再構成した。

また1階の路地の中央付近にゲストハウスの受付やリビング、共有キッチンやシャワーを設け、2階は女性専用ドミトリーや男女混合ドミトリー、宿泊個室といった寝室機能や図書室を設けて、約15名程度が泊まれるゲストハウス「あなごのねどこ」として開業した。

かつては旅館が施設内に客を囲い込もうとして奪い合っていたのに対して、ここでは逆に宿泊客がまちを回るための開かれた拠点として考えられている。今ではここは、尾道への移住者への窓口であり、外から来た人たちの接点として機能している。外国人も多く見られるようになった。

高台の有形文化財：尾道ゲストハウス「みはらし亭」

大正10年に建てられた「みはらし亭」は、尾道の山側に立つ伝統的な別荘建築（茶園）である。港町として栄えた尾道では、時代時代の豪商や名士が海側には店を構え、山側の眺めの良い坂の上には意匠を凝らした別荘建築を建てたという。山と海が織りなす立体的な空間の中に尾道独特の茶園文化が花開いた名残りである。この建物は当時の折箱製造業で財をなした石井家が建てたもので、昭和の時代には旅館としても使われていた。2013年には国の登録有形文化財に登録されている。

じつはこの建物が2009年から業務委託を受けた空き家バンク事業の最初の提供物件だった。尾道観光のメインルートの千光寺から坂を下ってすぐにある絶景の建物であり、歴史的にも建築的にも重要な崖っぷちの擁壁の上に立つこの建物の再生はさすがに大き過ぎて費用が読め

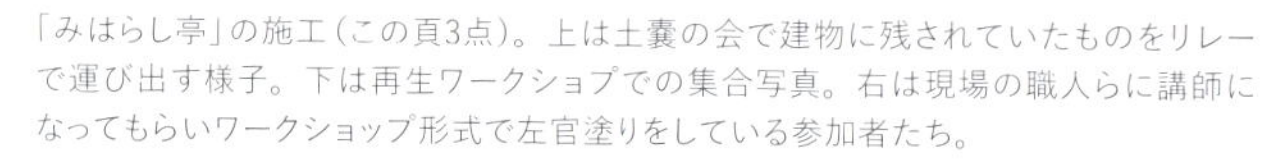

「みはらし亭」の施工（この頁3点）。上は土嚢の会で建物に残されていたものをリレーで運び出す様子。下は再生ワークショップでの集合写真。右は現場の職人らに講師になってもらいワークショップ形式で左官塗りをしている参加者たち。

「みはらし亭」(この頁3点)。松永湾を見下ろす高台に建つ、1921年(大正10)年に建てられた茶園建築である。海側の部屋からは眺望が広がる

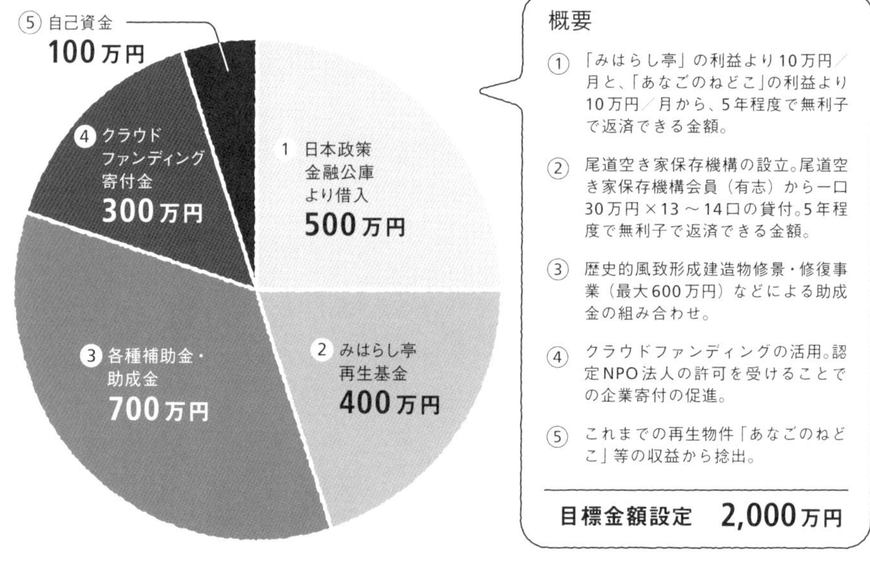

◎「みはらし亭」の資金調達方法

ず、すぐには取り掛かれなかった。

どのように活用するのか、再生するのかを考えるワークショップを何度も行い、その間にも「あなごのねどこ」やほかの空き家の再生を経験してある程度の自信をつけてから、2015年になって自分たちで再生を行おうと踏み出した。斜面地に建ち並ぶ尾道の建築やその文化がきちんと研究されてこなかったことや、伝統建築を修復できる技術者も育てられていなかったこともあり、このプロジェクトを機に尾道特有の建築文化の継承に力を入れようと考えたという。できるだけオリジナルを尊重しつつ再生する方向で10ヵ月掛けて再生し、2016年に新たにゲストハウスとしてオープンすることができた。

再生するにあたっては、資金調達が大きな課題となった、ほかの文化財建造物の再生の先進事例を調査して仕組みづくりを検討したうえで、大きな金額を調達するのではなく、各工事の段階ごとに少額に分けて調達する方法を計画した。

まず自己資金として100万円を捻出。さらに「あなごのねどこ」がそれまで返済実績を重ねてきていたことから、日本政策金融公庫から500万円の融資を受けることができた。そして理事やプロジェクト関係者らから借り入れて5年で返済するスキームで「みはらし亭再生基金」として400万円を確保。また尾道市の「歴史的風致形成建造物修景・修復事業」などの助成金を組み合わせて700万円の支援を受けた。さらに尾道大学や地元住民らの協力を得てクラウドファンディングを実施し、300万円を集めた。合計2000万円の資金を調達し、無事再生が可能になった［124頁上図］。

この建築は高台に沿って長く建てられた木造の2階建てであり、どの部屋からも眺望が広がる造りとなっている。1階の路地側にはカフェと厨房、中央に玄関や和室8畳の女性専用ドミトリー、2階には12畳と6畳の男女混合ドミトリー、3畳の個室、4畳の個室が並び、南側の縁側からは高台からの絶景が見渡せる。そのほか、共用のキッチンや洗面やシャワー室も備えたゲストハウスだ。

また豊田さんは長年建物の保存活動を行ううえで、建物が使われている段階から、残す方向に舵を切る手助けをする相談相手がいることが大事なのだと気づいたという。そこで尾道瀬戸際不動産と尾道瀬戸際建築相談室を立ち上げ、そもそも空き家にしない対策を今後は講じていく予定だ。

文：田島則行

あなごのねどこ

◎概要：
元は呉服屋として建てられ、最後は眼鏡屋として使われたあと、長い間空き家となっていた建物をゲストハウスとして再生したプロジェクト
◎運営：
NPO法人尾道空き家再生プロジェクト
◎施工：NPO法人尾道空き家再生プロジェクト
◎所在：広島県尾道市土堂２丁目
◎用途：宿泊施設
◎構造・規模：木造・2階建て
◎完成：1920年頃築、2012年12月オープン
◎事業の形式・資金：日本政策金融公庫500万円、助成金20万円、自己資金300万円（合計820万円）
◎アセット規模：1階151.95㎡、2階137.05㎡
◎元の用途：商店、住宅等

みはらし亭

◎概要：
1921年に建てられた茶園建築（別荘）を保存修復し、ゲストハウスとして再生したプロジェクト
◎運営：
NPO法人尾道空き家再生プロジェクト
◎施工：NPO法人尾道空き家再生プロジェクト
◎所在：広島県尾道市東土堂町
◎用途：宿泊施設
◎構造・規模：木造・2階建て
◎完成：1921年築、2016年オープン
◎事業の形式・資金：日本政策金融公庫500万円、関係者からの借入400万円、尾道市助成金等700万円、クラウドファンディング300万円、自己資金100万円（合計2000万円）
◎アセット規模：92㎡
◎元の用途：茶園建築（別荘）

Case 8

オーナーを突き動かす 地域貢献型のテナント戦略

Interview

東海林諭宣／
株式会社 See Visions

Project

ヤマキウ南倉庫

(株)See Visionsは寂れていた地元商店街に、店舗デザインのスキルを活かしたリノベーションを施し飲食店を開店。その実績が認められ、オーナーからの投資を受けながら、ビルや倉庫1棟の運営を任されている。

「ヤマキウ南倉庫」1階の広場「KO-EN」

株式会社See Visionsから学ぶ実践のポイント

❶ 逆境を逆手に取る、伸び代を活かす戦略

空き家・空きビルの再生は、直面する状況が悪ければ悪いほど、その伸び代を活かすことができる。さえないエリア、さえない場所、見捨てられた通りにこそ、アイデアや工夫で再生できる可能性が広がる。その伸び代こそが大切にすべきことである。

❷ 路面の店舗を一つずつ再生して賑わいを取り戻す

路面の店舗を一つずつ再生し、少しずつ成功を積み重ねていく。単独でそのエリアすべてを再生する必要はなく、一つの成功が次の成功を導き、そして小さな成功が周辺の人たちに大きな勇気を与え、連鎖的にエリアが再生されていく。

❸ 空きビルを見つけてオーナーに提案、地域貢献のための利回り

アイデアがある人は資金がなく、資金がある人にアイデアがあるとは限らない。地域に貢献したいオーナーは投機的な利益を求めるのではなく、たとえ利回りが大きくなくても地域を元気にするプレイヤーが長く続けていけるような投資をすることが、結果的にエリアの価値を高めるエリアリノベーションにつながる。

❹ 人と人のつながりをつくりながら、テナント入居者を集める

店舗やテナントビルを運営するときに、従来のやり方では、チェーン店やコンビニばかりが並ぶまちができてしまう。そうではなく、人と人のつながりをつくりながらテナント入居者を集め、プロジェクトのリスクを最小化し、同時にまちの人のつながりの起点となる場づくりを進める。

伸び代を活かすまちづくり戦略：逆境はプラス材料だ

デザイン会社を営む東海林諭宣さんは、秋田で生まれ育ち、東京の大学を卒業。レストラン事業を展開する会社で店舗内装の経験を積んだあと、秋田に戻って独立し、2006年にデザイン事務所㈱ See Visionsを設立した。

東海林さんにとって、秋田を巡る状況は、ある意味ポジティブに捉えるべきものだという。たとえば少子高齢化率や人口減少率は全国で1位、婚姻率や満足度・幸福度・定住意欲度は全国ワースト1位。このような悲観的にならざるを得ない状況はむしろ「伸び代しかない」と、逆説的だが前向きに捉えているというのだ。自分たちのまちは自分たちで住みたいまちにする、と意欲的である。

まちづくりの始まりはお宝の発見から

店舗やグラフィック、ウェブなどのデザインや、編集や出版、あるいは企画運営を手掛けていることから、まち歩きのなかで面白そうな店舗を探していた。そんなタイミングで、亀の町の狸小路に築60年の長屋の“お宝”を発見した。

亀の町は当時、秋田の中心市街地活性化基本計画区域からは微妙に外れていて、スナックなどの飲食店舗があったものの、空き店舗が増え、活力を失いつつあった。「ここに夜遅くまで飲める店ができたらいいのに」という思いから、1階が10坪、2階が6坪、合計16坪の2軒分の店舗を借りて、初期投資で600万円を掛け、1階はカウンター、2階はテーブル席のスペインバル「酒場 カメバル」を開店した。すると外にも客がはみ出すほどの人気店となり、2年間でその初期投資を回収できた。そうこうしているうちに、反対側にあった雀荘が閉店したことから、そこも借りて、イタリアンの「サカナカメバール」を開店した（「サカナカメバール」は現在は閉店し、シェアキッチンとなっている）。

さらに3店舗目を探しているときに、㈱ヤマキウの小玉康延社長に出会った。㈱ヤマキウが所有する3階建てで55坪

亀の町の狸小路にある長屋（2点）。上は㈱ See Visionsが手掛ける前の状態。下は2013年に㈱ See Visionsがリノベーションし、オープンさせたスペインバル「酒場 カメバル」

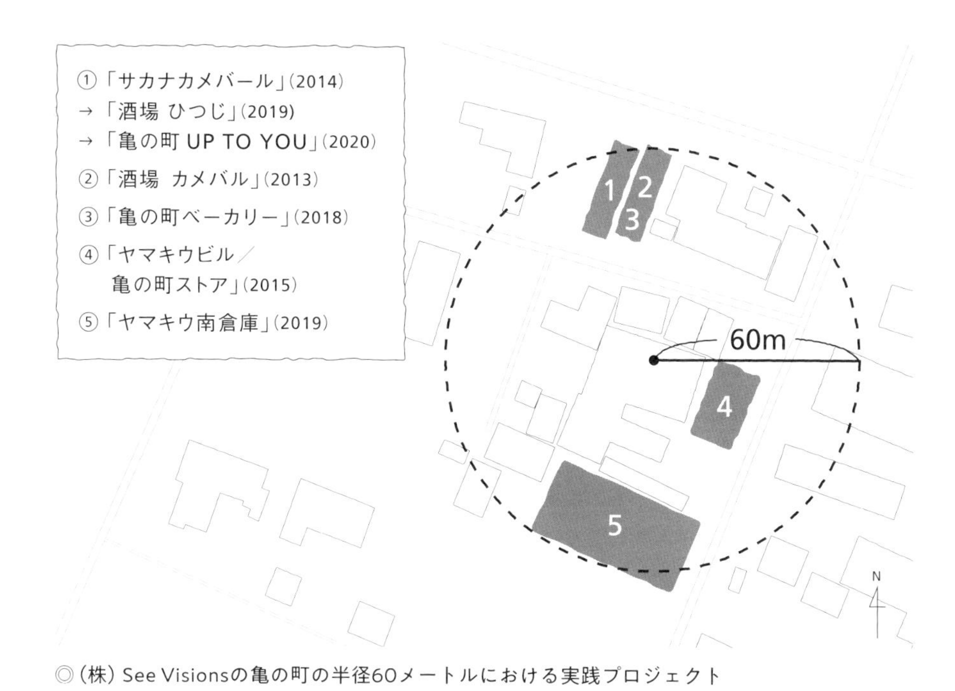

◎(株) See Visionsの亀の町の半径60メートルにおける実践プロジェクト

の広さの「ヤマキウビル」が空いており、その活用を小玉社長に提案しようとしたが当初はなかなか会ってもらえなかったという。オーナーの息子さん経由でプレゼンの機会をもつことができ、提案した結果、その熱意が伝わり、受け入れてもらえた。キリンビールの特約店として営業をしてきた(株)ヤマキウのビルおよびその周囲の倉庫や駐車場は、その昔は地域の人々が行き交う活気ある場所だったが、ほかの大手デベロッパーの提案は古いビルを取り壊す新築プロジェクトの提案ばかりであり、既存の建物を活用する案はオーナーにとっても新鮮だったらしい。さらに、3500万円分のリノベーションの追加投資にも応じてくれた。利回り13%、実質10%での家賃収入で返済するプランを提案し、1階には自社直営のカフェである「亀の町ストア」、そしてテナントのクラフトビール店を入れ、2階にはテナント事務所、そして3階には自分たちの事務所が入り、順調に走り出した［上図］。

「ヤマキウ南倉庫」 200坪の倉庫という大きなリスク

「ヤマキウビル」の再活用を始める前に、その横にある200坪の空き倉庫についても「いずれ活用してほしい」とオーナーから打診されていたという。ただ、あまりに大きいサイズでリスクも高いことからすぐには手を出せず、当初はまずは「ヤ

「ヤマキウビル」(この頁すべて)。(株)ヤマキウが所有していた空きビルを再生した。上は3階に入居した(株)See Visionsの事務所

「ヤマキウビル」に入居する「亀の町ストア」。コーヒー・酒の販売も行うカフェダイニング

「ヤマキウ南倉庫」(この頁すべて)。200坪の空き倉庫を複合施設として再生した。地元の「いいもの」と、そのつくり手たちに出会い、味わい、遊び、くつろぐ、をテーマにした「亀ノ市」ではさまざまなショップが屋台を構える

1階広場「KO-EN」。屋根付きの公園をイメージした

「ヤマキウ南倉庫」1階に入居している輸入壁紙とペイントのショップ（上）と花屋（下）

マキウビル」の運営に注力しながら、その横の駐車場や200坪の倉庫をときどきイベントスペースとして使用していた。

そうこうしているうちに、2018年の10月にはオーナーから催促があり、ついに本格的に倉庫の再生事業に乗り出すことになった。当初は、SPC（特別目的会社）を設立して総工費1億5000万円にて計画したが、投資や融資については見込みが立ったものの、秋田市の補助金1500万円が下りず、資金が足りなかった。その状況をオーナーに説明したところ、最終的にはオーナーが全額投資してくれることになり、プロジェクトが正式スタートした。そして2019年の6月に完成に漕ぎ着けて「ヤマキウ南倉庫」がオープンした。オーナーの小玉さんは「これは投資ではない、地域貢献です。投機的な利益は見込まずに、無理せず低い利回りで投資すべきです」と言っていたという。

倉庫の天井高の高い広々とした空間を活かして、真ん中に公園のような広場を

「ヤマキウ南倉庫」1階。広場「KO-EN」のまわりには店舗が配置されている

（株）See Visionsがベーカリーとして再生した自社物件。2013年から2019年までに、亀の町の半径60メートル範囲内に合計五つの空き物件を再生した

用意し、そのまわりに店舗を配置、輸入壁紙とペイントのショップ、花屋、アウトドア用品店、ヘアサロン、ヨガ＆トレーニングルーム、食料品店、中2階にはネイルサロン等を配置し、2階には貸し事務所やコワーキングスペースを配置した。

真ん中の広場は、プロジェクトを後押ししてくれたオーナーの小玉康延さん（2019年3月に他界）を忍んで「KO-EN」と名づけた〈公園：康延（ひろのぶ：音読みでコウエン）〉。

最終的にはこの亀の町の半径60メートル範囲内に、2013年から2019年までに合計五つの空き物件を再生した。その影響もあってそのほかのテナントにも活気が生まれエリア全体に賑わいが戻りつつある。その後、男鹿にも新しいプロジェクトが始まり、東海林さん率いる（株）See Visionsの活動はますます幅を広げている。

文：田島則行

ヤマキウ南倉庫

◎概要：
元々は（株）ヤマキウが所有していた200坪の空き倉庫を活用して、屋根付きの公園をイメージし複合施設として再生した
◎運営：（株）See Visions
◎所在：秋田県秋田市亀の町4-15
◎用途：1階8店舗スペース、1.5階2店舗スペース、2階6事務所スペース、駐車場18台
◎構造・規模：鉄骨造・2階
◎完成：1976年築、2019年オープン
◎事業の形式・資金：オーナーによる全額投資・1億5000万円
◎アセット規模：1295.94㎡
◎元の用途：倉庫

Case

9 貧困と衰退に立ち向かう 市民活動のアイデアと工夫

Interview

大谷悠／
Das Japanische Haus e.V.

Project

ライプツィヒの
「日本の家」プロジェクト

Das Japanische Haus e.V.（登記社団ライプツィヒ「日本の家」）は、ドイツの地方都市に住む日本人チームが立ち上げた非営利団体。衰退商店街の一角にあった空き家をセルフリノベーションし、さまざまな人が交流する拠点として2011年から活動を始めた。ライプツィヒにおける歴史的建造物を保全する市民団体の活動の支援を受け活動が可能となっている。

「日本の家」で開催したイベント

ライプツィヒのまちづくりから学ぶ実践のポイント

❶ 人口減少と衰退から立ち上がる住民

西ドイツと東ドイツの統一という政治的な事象から派生した人口減少と衰退。政府も行政も手出しできない事態に対して、住民らが知恵やアイデアを出し合い、むしろその悪状況を逆手に取って立ち上がった。ハウスハルテンというさまざまなコミュニティ活動が育まれる空き家仲介の仕組みが実現した。

❷ 空き家の活用によるコミュニティ活動の活発化

空き家になって取り壊しの危機にあった歴史的建造物の維持管理をすることを理由に、ほぼただ同然で住民が使用できる仕組みが住民活動により確立されると、さらに多様な人々を支援するさまざまなNPO活動が数多く立ち上がり、地域のコミュニティ活動が活発化した。

❸ 多様性と貧困問題に立ち向かう助け合いの場

日本人3名で立ち上げた「日本の家」は、難民やホームレスなどの貧困問題に加え、多様なバックグラウンドをもつ人たちが集まり、助け合う場として運営され、食事の助け合いに始まり、さまざまな交流を後押しした。寄付や助成金によって赤字を出さずに運営を続けている。

❹ 急落から急騰へ：ジェントリフィケーションを乗り越える仕組み

衰退後に底を打った不動産に徐々に活気が戻り、投資も集まってくるなかで、投機的な投資による不動産価格の高騰化が起きた。これに対抗するために、住民らが力を合わせて法人を立ち上げ、不動産を購入して運用する「ハウスプロジェクト」という仕組みをつくり、ジェントリフィケーションに対抗する力として機能し始めている。

ドイツのライプツィヒに暮らす：増え続ける空き家とその対策

大谷悠さんは、千葉大学大学院を修了後、2010年にドイツに渡り、ライプツィヒにて10年間にわたって人口減少と増え続ける空き家に直面した活動を行ってきた［詳しい内容については、大谷さんの著書『都市の〈隙間〉からまちをつくろう——ドイツ・ライプツィヒに学ぶ空き家と空き地のつかいかた』（学芸出版、2020年）に紹介されている］。

ライプツィヒと聞いて、それがドイツのどこにあるかがピンと来ない人も多いであろう。旧東ドイツのドイツ中央部東側にあり、ベルリンより約160キロ南側、ドレスデンより約100キロ内側に位置する。人口規模では約60万人を抱える、ドイツで10番目程度の都市であり、東ドイツ時代にはベルリンに次いだ。

ライプツィヒの歴史的市街地のまち並み。19世紀の中盤〜後半の時代に建設されたグリュンダーツァイト様式の建築が建ち並ぶ。ファサードは過去の様式から引用された装飾をもつネオ・ゴシック、ネオ・バロック、ネオ・ルネッサンス様式。室内ではタイルや鋳鉄の装飾を用いるなど、工業化によって可能になった新たな技術が用いられている

1990年に東西ドイツが統一されたときには好景気が来ると誰もが期待したが、結果は逆だった。人々がどんどんと西ド

◎ハウスハルテンの事業ストラクチャー

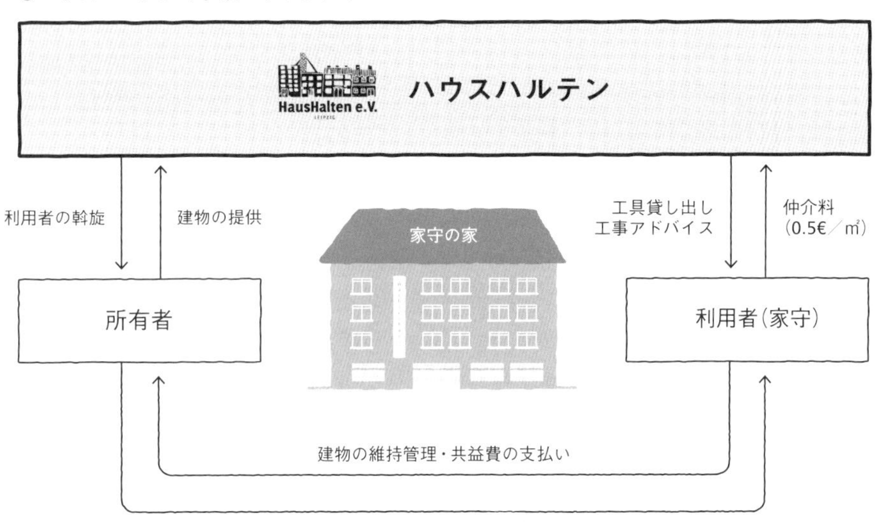

イツ側に流れてしまい、10年で10万人の人口が減少し、旧国営企業が西側との競争に負けて次々と破綻し、労働者も激減してしまった。

インナーシティにある歴史的市街地の人口は40%も減り、グリュンダーツァイト様式の建築群はどんどん空き家になり、場所によっては空き家率は5割を超える建物もあったという。

ライプツィヒでは、この現状に直面するにあたって、むしろ開き直って人口減少をしてもそれを受け入れて持続可能にしようというスタンスをとった。建物は取り壊して緑地を挿入する政策をとり、インナーシティの1万4000戸を壊したが、そのうちの1/3がグリュンダーツァイト様式の建物だったという。

これに対して、市民が反対運動を起こした。都市計画家や歴史家、市の職員や大学の教員、あるいは学生らが声を上げて、取り壊しに公金を入れるなら、壊すのではなく、保存に使うように訴えた。この動きが展開して、2004年から「ハウスハルテン(HausHalten e.V.)」という市民団体によるインナーシティの建築を保存・活用する運動が始まった。

ハウスハルテンが仲介し、空きビルを使いたい人がいれば、最大5年、延長されれば10年間は「ただ」で使える。そして住む人がいることでメンテナンスや管理がいき届いて安全が確保できるというメリットが生まれる。インナーシティにある32棟、300戸ぐらいの建物がこの仕組みで救われて活用され、住民運動の拠点だったり、文化や芸術や子育てなどの社会的な活動、新しい非営利団体の活動が育まれていった［p.136下図］。

多様性と貧困に立ち向かう場「日本の家」を立ち上げる

大谷さんは2010年にドイツに渡り、こういった都市の現実に直面した。そのなかで、ハウスハルテンの仲介を受けて日本人が3人集まり、2011年からインナーシティにスペースを借りて活動を開始することになった。66平米の場所を当初は月4000円、2016年からは月3万円の廉価な家賃で借り「日本の家(Das Japanische Haus)」を立ち上げた。

ここでは多くの困っている移民やホームレス、あるいは高齢者などの人たちと食事をともにつくりともに食べる場所を提供した。週に2回、夕方4時頃から地域の人々がやって来て、一緒に野菜を一緒に切り出したりして料理をつくる。作業を手伝うと無料になることから、難民の子どもたちや路上生活を送る人もよく参加している。7時頃になると、さらに多くの人たちが集まってきて、アーティストや難民やらいろいろな人が訪れて、食事を食べ、そして料理や音楽、あるいは空間づくりや掃除を手伝ったりしながら、誰もが運営側だったり、もてなす側になれるような、さまざまな過去や背景をもつ人々がつながれるような多様性のある交流を育んだ。

「日本の家」(見開きすべて)。上はオープン前のリノベーションの様子。衰退商店街の一角にあった空き家を、現地に住む日本人チームがDIYで施工した

活動にはさまざまな国籍や年齢の人々が参加する。ライプツィヒ東地域に根づいたローカルな活動のほか、「国」の枠を超えて「都市」に取り組むグローバルな交流と実践も行う

イベントの様子。多くの人が集まり、前面の路上も参加者で埋まった

ごはんの会の様子。週に2回、さまざまな出自の人がやって来て、一緒に作業を手伝い、料理をつくり、食事をする。音楽や空間づくり、掃除などに参加することで誰もが運営側やもてなす側に回れ、つながりが生まれる

主に寄付金が半分ぐらい、そのほか視察料金、飲み物の売り上げ、助成金等で賄われて、年間100万円ほどの収入で運営がなされた。活動自体はボランティアが行い、おもな支出は家賃、光熱費、設備投資、消耗品費、保険、そして税理士への支払いである。

運営に関わっている人は、ワーキングホリデーの日本人、学生、失業者、社会保障を受けている人、難民申請中の人など、多様な背景をもった人が集まっており、ここを通してライプツィヒでのネットワークが広がっていった。ほかにも食育や空き家再生に関するワークショップなど地域の課題を主題にして活動を繰り広げており、世界中から年間にのべ9000人もの人たちが訪れ、メディアにも多く紹介された［下図］。

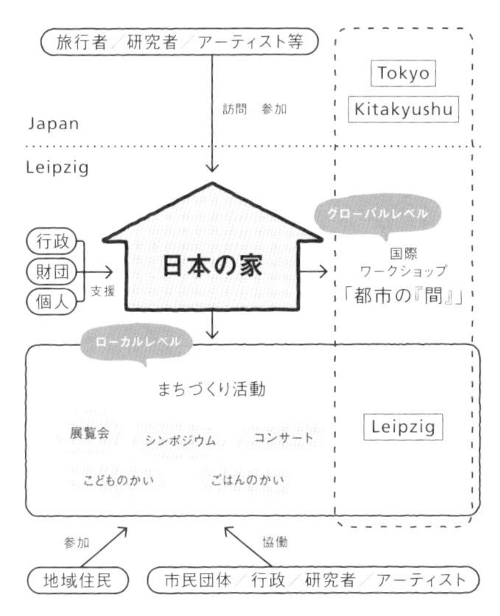

◎Das Japanische Haus e.V.の事業ストラクチャー

ジェントリフィケーションという新たな敵

世界的な経済状況の変化もあって、ライプツィヒにおける不動産状況はじつは大きく変わりつつあった。2010年前後から人口は一転、増え始め、また世界中の不動産投資家らが底値であったライプツィヒの不動産を徐々に買い進めたこともあり、土地建物の公示価格が５年で７倍に増加して、いわゆるジェントリフィケーション（地価の高騰）が起きていた。

そういったなか、仲介する物件がなくなったことで、2023年にハウスハルテンは解散した。空き家に拠点を構えていた多くの社会的な活動も、暫定利用契約期間が終了し、ほぼすべてが終了せざるを得なかった。ここまで育まれてきた非営利かつ公益的な活動の場が突如としてなくなってしまったのだ。「日本の家」も2022年３月に突如として賃貸契約が打ち切られるという通告が来た。

この窮地を救ったのは、やはり住民が立ち上げた仕組み「ハウスプロジェクト（Hausprojekt）」だった。ハウスハルテンが暫定的に空き家を利用する仕組みだったのに対して、ハウスプロジェクトは、建物が不動産投資家の手に渡って投機的に高騰する前に、住民側で法人を組織して建物を購入してオーナーになる仕組みである。

ハウスプロジェクトの一つの例として「共同住宅シンジケート型」がある。これ

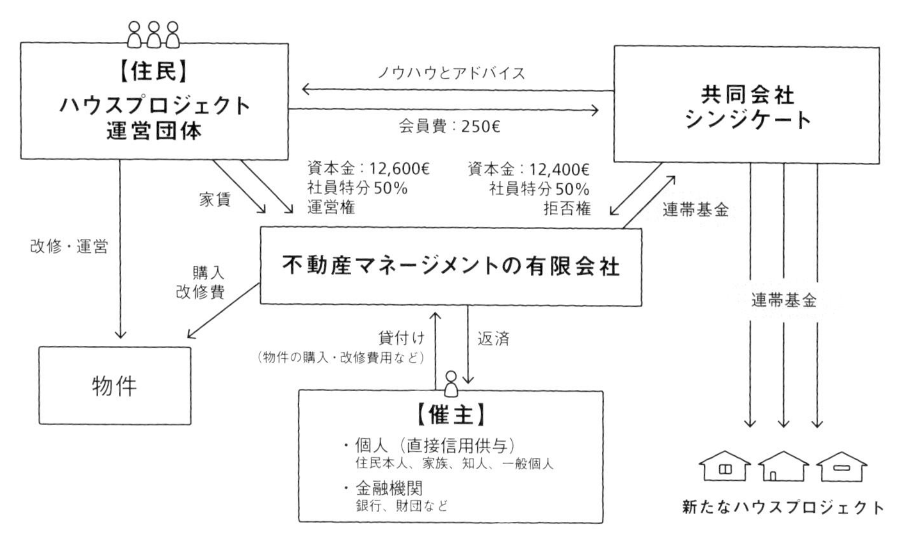

◎ハウスプロジェクトの事業ストラクチャー

は購入すべき建物が見つかったときに有限会社を立ち上げ、資本金のうち50%以上を住民が出資し、共同住宅シンジケートが残りを出資する。ハウスプロジェクト側が50%の運営権を確保できるようにしたうえで、共同住宅シンジケート側は建物の売却と約款の変更に関しては拒否権をもち、不動産が投機目的に使われないように歯止めを掛ける役割を果たす。

追い出されてしまった「日本の家」も、このハウスプロジェクトに救われ、元の場所の近所の1階に新たにスペースを確保して活動が継続できることになった［上図］。

文：田島則行

ライプツィヒの「日本の家」プロジェクト／Das Japanische Haus

◎概要：
ドイツの地方都市ライプツィヒの衰退商店街の一角にあった空き家を、現地に住む日本人チームがセルフリノベーションしてオープンさせた。国籍、宗教、年齢、職業、経済状況などに関係なくさまざまな人々が交流する

◎運営：Das Japanische Haus e.V.／登記社団ライプツィヒ「日本の家」

◎所在：Eisenbahnstr. 150, 04315 Leipzig, Germany

◎用途：交流スペース

◎規模：ビルの1階フロア

◎完成：
19世紀中頃〜後半築、2011年オープン

◎事業の形式：寄付、助成金等

◎アセット規模：66㎡

◎元の用途：店舗

Cross Talk

一つひとつの活動から まちへ広げる

大谷悠　Das Japanische Haus e.V.
東海林諭宣　株式会社 See Visions
豊田雅子　NPO法人尾道空き家再生プロジェクト

思いのある人が集まり始めた

──皆さんの手掛けるプロジェクトは、まずどのように始められたのか教えていただければと思います。

東海林：元々（株）See Visionsでは店舗の設計・企画・デザインを手掛けていて、その延長上でまちにあったらいいなと思うコンテンツの提案もしていました。ですから出店のための物件を探している方が事務所に訪れてくれるような状況があって、元々何か面白いことをしたいという思いのある人が集まってきてくれる素地があったんですね。

「酒場 カメバル」は、物件に出店者が見つからず自分たちで始めることになりましたが、結果的にはそれが僕たちがまちづくりに参加する大きなきっかけになりました。

デザイン会社として、まちのプレイヤーとなる方々が求める働き方やビジョンを実現するための場を提案できるという強みがあることで、継続的にまちのプレイヤーが集められているところもあるかもしれません。

大谷：ドイツ・ライプツィヒで「日本の家（Das Japanische Haus）」を始めたのは日本人３名でしたが、活動を続けていくうちに、ドイツの学生、難民や移民なども運営に加わっていきました。私自身もそうでしたが、外国人は友達も少なく、孤独を感じがちで、誰かとつながりたいという気持ちが強い。友達が友達を連れてくる、というかたちで、つながりの輪が少しずつ広がっていったということだと思います。

豊田：NPO法人尾道空き家再生プロジェクトの場合は、尾道のまち並みや古い建物を残したいという気持ちに賛同してくれる方たちで始まりました。この仲間の活動がそれぞれユニークなので、そこに興味をもってくれる人がさらに集まり、人が人を呼ぶという循環ができています。

専門家らが来てくれるので、建築士や職人、デザイナーなどそれぞれの職能を活かして皆さんに還元するようにしています。

収支を合わせるには努力と工夫が必要

──NPO法人尾道空き家再生プロジェクトが再生した空き家は最終的には貸したり、民泊にしていて、その収入が次のプロジェクトの資金になります。収支のバランスはどのようになっているのでしょうか。

豊田：最初は自転車操業で、持ち出しもありつつなんとか回しているという状況でした。ただ何かきちんとした収入源をもたないとやはり厳しいということで、取り掛かったのがゲストハウス「あなごのねどこ」です。

面積も広く工事に掛かる金額が大きかったため、このときに初めて銀行から借入をしました。当時、NPOが融資を受けるのはまだまだたいへんな時代で、私が自ら保証人になり、通帳や保険などを見せて担保にしました。給料も出ないのにここまでしないといけないのかと辛かったですが、借りた500万円は5年でペイできましたし、皆の仕事もつくれ、いい場所もできたので満足しています。

ライプツィヒにて現地の日本人が中心となり立ち上げた「日本の家」。多様なバックグランドをもつ人々が助け合い、交流する

（株）See Visionsが企画からグラフィック、ウェブサイトのデザインや運営まで手掛ける「ヤマキウ南倉庫」。屋根付きの公園をイメージした

NPO法人尾道空き家再生プロジェクトが運営を行う「あなごのねどこ」。空き家となっていた建物をゲストハウスとして再生した

──ドイツのライプツィヒではハウスハルテンという市民団体が推進力となって空き家再生事業に人々を集めました。秋田や尾道で同様のことができないでしょうか。

大谷：尾道のまちづくりでは空き家バンクを民間で受託していて、実際にはライプツィヒにかなり近いと思います。一時帰国して尾道を取材したことがあり、豊田さんに話を伺い、「あなごのねどこ」にも宿泊しました。ボトムアップでまちがつくられているプロセスがライプツィヒとよく似ていて、とても感動したのを覚えています。

NPO法人尾道空き家再生プロジェクトの活動内容も、空き家探しのアドバイスや、移住希望者にリテラシーを与えていくためのワークショップの開催など、ハウスハルテンに近い部分があります。二つとも、市民が現場でつながりながらクリエイティブに課題に立ち向かうことこそが、まちの再生にとって決定的だということを表しています。

――東海林さんの手掛けられた「ヤマキウ南倉庫」では、オーナーが利益のためだけに売り飛ばしたくないという思い入れがあって、全面的に東海林さんたちをバックアップしていました。オーナーとのマッチングがすべてを生み出すようにも思います。

東海林：本来であれば自分でリスクを背負ってお金を出したほうが融資でつまずくことがないため挑戦しやすく、長く続けられるのですけどね。ただ普通は若い人たちが何千万もの大金なんか借金できませんから、なかなか挑戦できないのが実情です。オーナーが投資をして若い人たちの活動を後押しする機運が、全国で広まればいいなと思っています。

――オーナーをどう説得するか、そして不動産屋のメンタリティをどう変えるか。「日本では不動産屋がまちづくりの対極にある」といっても言い過ぎとはいえないですね。彼らが変わらないと、まちの風景は変わっていきません。

豊田：尾道でも、「（古い建物は）壊して 駐車場にしたほうがいいですよ」とすぐ言ってしまうような、都会感覚の不動産屋がたくさんいます。空き家になる前から、古い建物の魅力や価値をきちんと理解して、残す方向に舵を切ってくれる、住人の相談相手が必要だなと痛切に感じていて。そのために尾道瀬戸際不動産と尾道瀬戸際建築相談室を立ち上げました。

東海林：（株）See Visionsのスタッフにも今年、宅地建物取引士の免許を取った人間がいます。自分たちでも古い家屋を発見して、若い人たちが住んだり事業を始めたりする場所として利用できるよう、紹介していきたいと思っています。

若い人がやりたいことを実現することで、まちがつくられていく

――右肩上がりの時代であればいくらで

も人が集まるのですが、右肩下がりに地価も下がってしまったときにどうするかがいつも課題になっています。

東海林：地価が下がっているほうが手をつけやすいし、人口密度が減って一人当たりの使える面積が増えるとプラスに考えられる面もあると思います。

しかし現状では国も施策を進めてはいますが、不動産とリノベーションの両方の事業を手掛けている身からすると、所得税の住宅控除が築古のものには適応されないなどもの足りないところが多々あります。もう少し力を入れてもらえると嬉しいですね。

豊田：かつて日本のまちづくりは、冷暖房の効いた大きな会議室でおじいちゃんたちが大きなお金を動かしながら勝手に決めていく、というものではなかったでしょうか。これからは若い人たちが中心になって、どんなまちに住みたいかを考えながら進めるべきだと思っています。そして必要だと思ったものは、手を動かし、汗を流してつくっていけばいい。私たちもそうしながら、一歩ずつまちづくりを進めていっています。

大谷：良いですね。一方で自分のことを振り返ると、共感してくれる学生でも、最終的には「自分はワンルームマンションに住むほうがいいです」とか「きちんと就活して、大企業に入りたいです」という方が結構多い。

そう言われたときには、僕は「とりあえず1回、外の世界を見てきたら？」と言っています。「尾道に来て空き家を直してもいいし、秋田へ行って東海林さんと話してみてもいいし、ドイツの『日本の家』でごはんつくってもいい。それから就職しても遅くないよ」って。今まで知らなかった文化や価値観に触れて、彼らと一緒に不思議な体験することで、視野とつながりを広げてほしいなと。つまらない“大人”の言うことばかり聞いていてはいけない。

東海林：高度成長期の都市計画からまちづくりを進める方法とは真逆のやり方が低成長の時代にはあるはずです。若い人たちがまちに足りない部分や、自分たちでできること、やりたいことをどんどんまちに落とし込んでいった先に、いつの間にか「あ、まちができてる」という状態になるといいんじゃないかなと思いますね。

（進行：田島則行）

Research

アーティストと地域住民のゆるやかな関係：大分県別府市「清島アパート」から

若竹 雅宏

アート NPO「BEPPU PROJECT」による別府市のまちづくり

舞台は温泉で有名な別府市。この地では、アートNPO「BEPPU PROJECT」による「アートによるまちづくり」が展開されている。「BEPPU PROJECT」は、その事業として「市内にある空き家をアートスペースとしてリノベーションし、アーティストと地域住民、地元の団体や会社などがゆるやかにつながり関係性を構築する」、そのような場づくりを行なっている。アートスペースへと変貌した空き家は、交流の結節点として、人と人とを結ぶ役割を果たす。その「BEPPU PROJECT」が運営しているアートスペースの一つが「清島アパート」である。

ここでは温泉地である別府市の現状とコミュニティの姿について概観し、その別府市に建つ「清島アパート」がどのようにして「コミュニティのアセット」になっていったのかについて紹介する。

別府市の現状

「清島アパート」がある別府市は、第二次世界大戦の戦災を受けなかったことから、古い木造の建造物や狭い路地などのある地区が多く残っている。別府市は、言わずと知れた温泉観光地であるが、少子高齢化の波はこの地でも強く、人口減少は別府市においても大きな課題の一つとなっている。

別府市ではその影響もあり、とくに2000年代になると空き家、空き店舗が目立ち、かつての歓楽街としての賑わいに陰りが見えていた。そのようななか、2007年に「別府市中心市街地活性化協議会」が設置され、翌2008年には「別府市中心市街地活性化基本計画」が国の認定を受けるに至り、平成25年度いっぱい、この認定にもとづいたまちづくりが行われてきた。そして認定が終了した平成26年度以降も、これまでの活動は脈々と受け継がれ、現在につながっている。

『裸の付き合い』ならではのコミュニティの姿

別府市が温泉のまちというのは周知の事実であるが、この温泉をきっかけとして、人と人とをつなぎ、ほかの地域にはない個性的なコミュニティがつくられてきた。それは集会施設の形態にも現れている。別府市の市営の温泉施設の一部は、その2階が集会室となっているところがあり、温泉施設が地域コミュニティの拠点場所として活用されている。

入浴後に話を深める場になったり、会議後にその疲れを温泉で流したりしていくなかで、住民同士が関係を深めていく。まさに裸の付き合い、温泉コミュニティである。そこには地域の資源とコミュニティの拠点場所が一致し、自分たちのまちについて語り合う場がつくられてきた歴史がある。

このように別府市では地域住民同士が温泉で語り合うことが日常生活として根付いていた。さらに観光客や旅人、ときには身体のメンテで温泉に訪れる人びとも語らいの輪に加わったことは、想像に難くない。

つまり別府には来街者たちを気さくに受け入れる土壌があった。よそ者をよそ者として見ず、逆に関心をもって集まってくるような、温泉には心が開かれ、ゆるやかなつながりを生みだす力がある。別府の人々が紡いできたコミュニティは、その形成過程において一番理想的な姿なのではと感じる。

空き家から一転、アーティストたちの拠点に

少し前段が長くなったが、別府観光の礎を築いたといわれる油屋熊八が起こした「亀の井旅館」を前身とする「亀の井ホテル 別府」から5分ほど南に歩いたところに今回紹介する舞台がある。周辺は昭和の面影を残す建物が多く残り、賑わいや活気という言葉は似合わない地区である。そのようなまちなかで歩を進めていくと、独特な空気を纏った木造2階建ての建造物群が姿を現す。その建築は古く、人は住んでいない雰囲気で、もう壊してしまったほうがいいのでは、と思ってしまいそうだが、その佇まいにはどこかオーラがあり、手をつけてはいけないとも感じ取れる。それが「清島アパート」(fig.1)である。

戦後すぐに建てられたというこのアパートは3棟22室からなり、元々は下宿アパートとして運営されていた。しかし老朽化や時代の流れから住み手もいなくなり空き家になっていた時期がしばらく続いたとのこと。

その後、このアパートに転機が訪れる。

「清島アパート」のどこか懐かしさを感じさせる看板を冠したゲート(fig.1)

2009年に行なわれた「別府現代芸術フェスティバル2009『混浴温泉世界』」(2009年4月11日〜2009年6月14日)の会場候補探しの一環として行われた中心市街地調査の際に、この「清島アパート」も候補の一つとして挙げられ、最終的には会場の一つとなった。

ここで行われた企画は、題して「わくわく混浴アパートメント」。国内作家の若手アーティスト132組が滞在し、そこで作品の創作、発表及び展示を行った。これがきっかけとなり、フェスティバル終了後もアーティストたちの滞在、創作そして展示の場所として活用されていくこととなる。このフェスティバル終了後のアパートの活用方法に、コミュニティのために空き家が活用され資産となった、つまりコミュニティ・アセットの事例として取り上げた根拠がある。

1階にある、アーティスト東 智恵さんのアトリエの様子(fig.2)

地域にとって かけがえのないアセットへ

現在、「清島アパート」は、アートNPO「BEPPU PROJECT」により「アーティスト・イン・レジデンス」として、アーティストの制作と住まいの拠点として運営されている。入居の形態は、1階がアトリエ(fig.2)、2階が居住スペース。しかし、これだけだと単純に空き家をアーティストたちに生活の場として提供しているだけではと思わざるを得ない。しかしその違いは、「清島アパート」から生まれるヒト・モノ・コトのつながりに着目すると見えてくる。

「清島アパート」では、アートをきっかけとして、別府の歴史のほか、人と人、人と場所がつながる交流の結節点となるための活動が行われている。実際に地域住民の「清島アパート」への関心は高く、何をやっているのか気になるようである。そしてアーティストたちの活動は、アパート内だけではなく外でも行われており、外で創作していると一人二人と人が集まってくる。まさに昭和のまちのワンシーンである。

そんな清島アパートの中に歩を進めてみる（fig.3）。まず、目に入ってくるのが出入口脇にあり障子に「清島屋」と書かれた共有スペースである（fig.4）。清島アパートにちなんだグッズの販売のほかに、訪問時には昔居住していたアーティストが間借りして展示を行なっていた。一般的な賃貸アパート・マンションでは見られない、旧居住者がいつでも帰って来ることができる場所になっており、そこには帰属意識が生まれる仕掛けづくりができている。

さらに歩を進めると、これまでここに住まわれていたアーティストの方々や活動の歴史が壁に刻まれている空間が待っていた。実際は廊下の壁であるが、ここでは空間と表現するほうが適切である。刻まれた歴史をいつでも確認できることは、関わる人たちにとってのエネルギー源として、そして繊細なアーティストたちの心の拠り所になっているのではと思う。

またこの「清島アパート」は短期滞在の受け入れも始め（2023年〜）、学生のインターン研修の際の滞在先としても活用されることもある。学生にとってはアーティストと同じ空間・場所で生活をすることで、創作とはどういうことなのか、それは何につながるのか、社会、自分の進路、アートなどに対する“問い”を見つめる格好の舞台が整えられた、学びの場である。

このように、人と人が関係をもつための仕掛けとその仕組みが「清島アパート」にはあり、まさにヒト・モノ・コトがゆるやかにつながっているからこその関係性が生まれている。それに応えるかたちで、地域住民とアーティストたちがゆるやかに関係を保ち続けている。空き家が地域のために活用される仕組みを、長期的な視点のもとで、人とヒト、人とモノ、人とコトが関係づけられる仕掛けから組み立て生み出す。そこには「どこも同じでしょ」といった一様なコミュニティの姿はない。地域の歴史とコミュニティの性格を適確・正確に捉えること、その取り組みから歩みを始めたからこそ、空き家・空き店舗を地域にとってかけがえのないコミュニティのためのアセットとして生まれ変わることに成功している。その一つが「清島アパート」である。

左／1階玄関を入ったところ（fig.3）。右／入り口付近の共有スペースでは「清島アパート」にちなんだグッズの販売や展示が行われる（fig.4）

Research

歴史的建造物の利活用によるエリア再生：ベルギー、オランダの産業遺産から

奥村 誠一

左／「旧協働会館」(宮大工：酒井久五郎、1936年)。港区指定有形文化財 (fig.1)
右／「港区立伝統文化交流館」(設計：青木茂建築工房、2019年) (fig.2)

ベルギーとオランダにおける歴史的建造物とエリア再生

本稿ではオランダとベルギーで視察した31事例の建築再生の事例をレポートする。既存の建物を解体することなく保存・修復し、用途の転用によるまちの賑わいの創出は、その地域やエリアの活性化の足掛かりとなる。その先に見えてくるものとは何だろうか。

既存建物の保存と利活用

近年、縮小社会に向かう日本においても、既存建物を再生することが環境循環型社会において求められており、建築を再生するうえで、保存整備と同時に利活用が求められている。しかし我が国の多くの建物は、建物の物理的な寿命となる前に、老朽化すると、いやおうなく解体され、一度すべてがリセットされたうえで建て替えが行われる。

我が国では既存建物を保存するだけではなく、利活用を前提とする有形文化財の登録が1966年から行われている。歴史的建造物の保存と利活用の両立を目指しているが、十分に活用されているとはいえない。筆者は東京都港区芝浦にある港区指定有形文化財である旧協働会館の保存整備の設計・監理に携わった。既存建物の保存と利活用を行い、港区立伝統文化交流館は整備され、地域の交流・観光拠点としてまちの賑わいをもたらした。(fig.1、fig.2)。

欧米諸国では、既存建物を部分解体のうえ整備し再利用することはごく普通の建築行為として定着している。竣工から時間が経過した歴史的建造物を文化財として保存再生させるだけでなく、用途を転用しながらその時代に求められる機能を付加して改修し、必要に応じて増築を行うなど、さまざまな手法により既存建物が活用され、都市の景観は保たれる。

「グラン・オルニュ」(設計:Bruno Renard、19世紀前半) (fig.4)

「グラン・オルニュ」内観 (fig.5)

ベルギーとオランダにおける建築再生事例を分析

このような問題意識から、2024年3月、筆者はベルギーとオランダにおける建築再生事例について、保存と利活用を両立するための31事例の建築再生事例を視察した。

事務所として用途を転用された労働者住宅 (fig.6)

文化財として創建当時の建物を保存修復した建物や、大規模改修を行いつつさまざまな方法によって既存建物に増築した建物、既存建物の用途を転用した建物など、建築を再生する手法はさまざまであった。視察した建築再生の事例は、保存修復、増築・用途転用に分類した (fig.3)。

まちに賑わいをもたらす用途転用の可能性

今回、ベルギーとオランダで視察した31事例のうち、じつに半数近くの16事

国	都市	no.	建物名称	文化財	保存修復	大規模改修	
							横増築
ベルギー	ブリュッセル	001	グラン プラス	世界遺産	○	-	-
		002	ブリュッセル証券取引所	-	-	○	-
		003	オルタ美術館	世界遺産	-	○	-
		004	ブリュッセル中央駅	世界遺産	○	-	-
	アントワープ	005	アントワープ駅	世界遺産	○	-	-
		006	ギエット邸	世界遺産	○	-	-
		007	シント・フェリックス・ウェアハウス	国文化財	-	○	○
		007	ベルギー・ポートハウス	国文化財	-	○	-
		008	アントワープ大聖堂	世界遺産	○	-	-
		009	アントワープ市役所	世界遺産	○	-	-
		010	プランタン・モレトゥス博物館	世界遺産	-	○	-
	モンス	011	グラン オルニュ	世界遺産	-	○	-
オランダ	アムステルダム	012	アムステルダム中央駅	国文化財	○	-	-
		013	REM エイランド	産業遺産	-	○	-
		014	クレーン・ホテル・ファラルダ・アムステルダム	産業遺産	-	○	-
		015	クラーン・スポール	産業遺産	-	○	-
		016	シロダム	-	-	○	-
		017	クリスタルハウス	-		○	-
		018	アムステルダム国立美術館	国文化財		○	○
		019	アムステルダム市立美術館	国文化財	-	○	○
		020	デ・ハーレン	国文化財	-	○	-
		021	ホテル・デ・ハーレン	国文化財	-	○	-
		022	マグナプラザ	国文化財	-	○	-
		023	オンス・リーフェ・ヒール・オプ・ソルダー博物館	-	-	○	-
	ロッテルダム	024	ロッテルダム中央駅	-	-	○	○
		025	ロッテルダム市庁舎	文化財	○	-	-
		026	聖ローレンス教会	文化財	○	-	-
		027	ボイマンス・ファン・ベーニンヘン美術館	国文化財	-	○	○
		028	デポ	-	-	-	○
		029	ホテル・ニューヨーク	-	-	○	-
		030	フェニックス1	-	-	○	-
		031	フェニックス・ウェアハウス	-	-	○	-

保存と利活用を両立するための建築再生31事例の分析（fig.3）

例が用途を転用していた。石炭採掘拠点を現代芸術センターへ、住宅を美術館へ、倉庫を古文書館へ、車両倉庫を文化拠点へ、倉庫をホテルへ、印刷所を美術館へ、クレーンをホテルへ、テレビ放送局をレストランへ、郵便局を商業施設へ、穀物貯蔵庫を複合施設へなど、用途を転用させたさまざまな事例が数多く見られた。

ベルギーのモンスにある「グラン・オルニュ」（fig.4、fig.5）は、石炭採掘施設を現代芸術センターに用途を転用した炭鉱産業遺産であり、周辺にある労働者住宅は用途を変えて事務所として使用しているところもあった（fig.6）。炭鉱採掘の拠点が芸術の拠点と変容し、観光客を集めていた。「グラン・オルニュ」は世界遺産でもある。

ベルギーのアントワープにある「シント・フェリックス・ウェアハウス」は、アントワープ港に面する巨大な倉庫であったが、古文書館として再利用されている（fig.7、fig.8）。2棟をつなぐように屋根が

設計手法					備考
再利用					
増築		用途変更			
上増築	立体交差増築	変更の有無	変更前用途	変更後用途	
-	-	-	-	-	市庁舎・市立博物館・ギルドハウス
○	-	○	証券取引所	博物館・飲食店	用途変更は一部
-	-	○	住宅・アトリエ	美術館	オルタ設計
-	-	-	-	-	オルタ設計
-	-	-	-	-	駅舎（使いながら改修）
-	-	-	-	-	専用住宅
-	-	○	倉庫	古文書館・店舗	街路を屋内化
-	○	○	消防署	港湾局	ザハ・ハディド設計
-	-	-	-	-	教会
-	-	-	-	-	市役所
-	-	○	工房・住宅	博物館	活版印刷
-	-	○	石炭採掘施設	現代芸術センター	炭鉱産業遺産
-	-	-	-	-	駅舎（使いながら改修）
○	-	○	テレビ放送局	レストラン	3階が増築
○	-	○	クレーン	ホテル	
○	-	○	クレーン台座	オフィス	
-	-	○	穀物貯蔵庫	共同住宅・事務所・商業施設	MVRDV設計
-	-	-	-	-	ファサード改修(現エルメス)、18世紀創建
-	-	-	-	-	中庭の屋内化
-	-	-	-	-	玄関位置変更
-	-	○	鉄道車庫	文化複合施設	図書館・映画館・店舗等(一時期、交通博物館)
-	-	○	鉄道車庫	ホテル	デ・ハーレンに隣接
-	-	○	中央郵便局	商業施設	
-	-	-	共同住宅	博物館(展示施設)	外壁保存
-	-	-	-	-	駅舎（使いながら改修）
-	-	-	-	-	市役所
-	-	-	-	-	教会
-	-	-	-	-	横増築
-	-	-	-	-	別位置増築
-	-	○	事務所	ホテル	
-	○	○	倉庫	共同住宅・事務所・文化施設	
○	-	○	倉庫	博物館	移民博物館（視察時2024年、改修中）

増築され、屋内化された6層吹き抜けの空間は、新たな街路を形成し、1階に店舗が入るなど、港湾に賑わいをもたらす新しい空間へと変容していた。

アントワープ港は海運の拠点としてだけでなく、一際目を引く特徴的な建築再生による港湾局の建物「アントワープ・ボートハウス」(fig.9) や、美術館、また多くのレストランなども整備され、人が楽しむまちなみとなっている。

オランダのロッテルダムにあるニューウェ・マース川沿いに位置する「フェニックス1」は、全長360メートルもある倉庫を共同住宅・事務所・文化施設に用途を転用した事例である (fig.10)。既存の倉庫の外壁を残しつつ、上層階は大胆に増築を行なっている。この周辺には、事務所をホテルに用途転用した建物など、建築再生によってエリア全体で再開発が行われるエリアである。廃業した事務所や倉庫などが建ち並ぶ海運業のターミナルが賑わいのあるウォーターフロントへと変貌している。

fig.7

fig.8

fig.9

「シント・フェリックス・ウェアハウス」（改築設計：Robbrecht en Daem architecten 、2006年）（fig.7）／「シント・フェリックス・ウェアハウス」。屋内化された吹き抜け空間（fig.8）／アントワープ港湾局の事務所「アントワープ・ポートハウス」（改築設計：Zaha Hadid、2016年）。旧消防署の建物の上部に増築された（fig.9）／「フェニックス1」（改築設計：mei architects and planner、2019年）（fig.10）

fig.10

fig.11

fig.12

fig.13

不法占拠された廃墟が一大観光施設へ

この視察で、もっとも興味深い建築再生事例は、「デ・ハーレン」(fig.11)という施設であった。オランダのアムステルダムの環状運河の外側にあった旧トラム(路面電車)の車両倉庫は、閉鎖されたのちにアムステルダム博物館として利用されていた。さらに、その博物館が閉鎖されたあとは建物が利用されずに、スコッターと呼ばれる私的所有権をもたない者が、公的用地に不法占拠していたのだが、「デ・ハーレン」として、フードコートをはじめ、ホテル、図書館、映画館、カフェ、コワーキングスペース、店舗、工房などが入る文化的な複合施設に再生されることで、賑わいを取り戻していた。

施設内部に入ると、大きなホール空間が広がり(fig.12)、そのホールに面して、さまざまな施設が続く。ホールには、創建当時から設置されている電車のレールがそのまま残されており、当時の面影を感じることができる。既存建物の記憶が残る見事な改修が行われている。フードコートは店舗数も多く、平日の日中にも関わらず、食事を楽しむ人々であふれ、賑わいや活気があふれていた(fig.13)。

コワーキングスペースに入ると、奥には鉄骨で増築された2階があり、若者が学

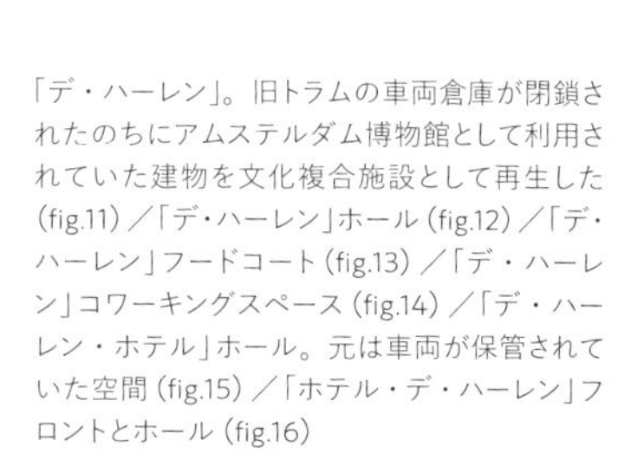
「デ・ハーレン」。旧トラムの車両倉庫が閉鎖されたのちにアムステルダム博物館として利用されていた建物を文化複合施設として再生した(fig.11)/「デ・ハーレン」ホール(fig.12)/「デ・ハーレン」フードコート(fig.13)/「デ・ハーレン」コワーキングスペース(fig.14)/「デ・ハーレン・ホテル」ホール。元は車両が保管されていた空間(fig.15)/「ホテル・デ・ハーレン」フロントとホール(fig.16)

習スペースとして利用していた（fig.14）。それぞれのゾーンごとに柔らかく空間が仕切られており、活動する人々の気配を感じつつ、賑わいが施設全体に広がっていた。

また施設の一角は「デ・ハーレン・ホテル」（fig.15）と呼ばれる四つ星ホテルに再生されている。車両が保管されていた細長い空間がホールとして中央に位置しており、その吹き抜け空間でホテル利用者がゆっくりとくつろいでいた（fig.16）。そのホールの両側に客室が並んでいるが、吹き抜け空間の2階にも客室が整備されており、それらの客室をつなぐ渡り廊下が増築されていた。車両倉庫の面影を残したままに、豊かなホテルの空間が生み出されていた。

このように、不法に占拠された廃墟が、多くの人を呼び込む施設として生まれ変わることにより、この施設周辺の地域全体が活気を取り戻している。

不動産のアセット化による
エリア再生

このようにベルギーやオランダでは建築を再生するさまざまな取り組みが見られた。紙面の構成上、すべての事例を紹介することはできないが、どの建築再生の事例も地域の賑わいに貢献していた。長い時を経て都市景観を形成してきた建築には、地域の歴史を継承し、文化を引き継ぐ社会的な要求があると考える。既存の建物を解体することなく、既存建物のもつ価値を認めつつ保存・修復し、利用できる限り再利用し活用することで、建築の価値が向上し、不動産のアセット化につながっていた。不動産のアセット化は、その地域やエリアの活性化の足掛かりとなり、まちなみの保存につながるのではないだろうか。

既存建物を解体することなく再利用するその姿勢は、縮小するこれからの我が国におけるエリア再生の重要な建築行為であり、環境循環型社会において求められる。既存建物を蘇らせ、未来に継承する建築再生に本格的に通り組むことは、意匠性、耐震性、耐久性、機能性、適法性、経済性などの観点から、総合的なソリューションを生み出す積極的な創造行為であると考える。

時代は常に変化し、建築は時代の要請に応じて建設される。最新の技術を用いた「建築再生」によって広がる新しい世界は、SDGsにおいて求められる方向性と一致しているように思える。再生という行為で扱う建物は文化財だけではなく、一見、平凡に見えるビルもその対象になることが可能であり、建築再生が新築と同等の立ち位置を得る日も遠くはないのではないだろうか。既存建物を再利用することに対する理解を深める必要があり、スクラップ・アンド・ビルド以外の選択肢がスタンダードとなる社会が望まれる。

Chapter

4

まちの価値を活かした空き家再生

Case

10 既存の不動産価値を活かした再生術

Interview

藤原岳史／
一般社団法人ノオト
株式会社NOTE

Project

篠山城下町ホテル
NIPPONIA

「NIPPONIA」は古くからの歴史的な資源や文化財を新しい価値と組み合わせて行う地域の再生活動を示すブランド。ホテル事業を中心に、宿泊施設やレストランなどの店舗をまちに点在させ、まち全体を面として捉えた再生の仕組みを構築している。

篠山城下町のまち並み

「NIPPONIA」から学ぶ実践のポイント

❶ ビジネスモデル・活動モデルとしての「NIPPONIA」

これはホテルチェーンのブランド名ではない。各地域における古くからの歴史的な資源や文化財を新しい価値と組み合わせて行う“再生活動”を示すブランドとして「NIPPONIA」と名づけた。

❷ 観光ではなく、日々の暮らしというアイデンティティ

非日常的なものであったり演出されたものであったり、そういった観光的なものを目指すのではなく、各地域における人々の暮らし、日常の生活そのものをアイデンティティとして、そこで生活するように、地域の1日の生活体験ができる場として宿泊体験を考えている。

❸ 空き家の活用を推し進めるための宿泊施設という受け皿

空き家ごとにさまざまな使い方ができるように再生する。ときにはギャラリーであったり、飲食店であったりと、エリアデザインにもとづき、建物ごとに適切な用途で活用。その活用方法の一つとして宿泊施設があてがわれている。空き家を活用することでまち全体が活用されるように、分散型の客室によりまちの回遊性と利活用を推進する。

❹ 仕組みとしての空き家再生事業

縮退するまちにおいて空き家を資源として捉え、まちづくり会社を地元の組織とともに立ち上げて空き家を預かり、リノベーションする。完成した建物をテナントや各運営事業者に手渡し、まち全体を面として捉えた再生の仕組みを構築する。各地域に合わせた仕組みをカスタマイズすることで、その土地にしかないオリジナリティが生まれる。

産業としてのまちづくり、活動としての「NIPPONIA」

「NIPPONIA」という古民家再生を軸とするまちづくり事業を行うビジネスモデルを立ち上げたのは、兵庫県の丹波篠山出身の藤原岳史さんである。高校までは地元に育ち、大学以降はまちを出て、外食産業を経てIT会社でIPO（上場）を達成したのち、人生の目標を見失ったことから、35歳のときに地元に戻ったという。地元では自分が育った頃のような賑わいはなく、古くからの店が廃業していたり、家の所有者らが亡くなられて空き家が増えていた。そこで（一社）ノオト（調査研究・制度設計を行う）に参画して、古民家再生事業に取り組み始めた。

「なつかしくて、あたらしい、日本の暮らしをつくる」というのが「NIPPONIA」のビジョンであるが、「NIPPONIA」はホテルや宿泊施設のチェーンブランドの名前ではなく、歴史的建築物の活用を軸に地域を再生する活動の名称であるという。古くからの歴史的な資源や文化財を新しい価値とミックスして、次の50年〜100年後の日本の暮らしをつくっていこうという活動である。（株）NOTE（企画・計画策定、各地のプロジェクト支援を行う）が「NIPPONIA」事業の主体を担っており、現在、北は函館、南は沖縄まで、全32ヵ所で展開している。

（株）NOTEの目的の一つは、まちづくりを「産業」にすることである。日本では「まちづくり」はボランティアが非営利にて行うものといった位置づけであり、経済的にも資金的にも、各地域が主体性をもって持続的に活動することが難しい。そこで事業として必要な収益を得て、社会貢献として持続的に活動できるような仕組みを展開することで、チャレンジしたい地域を支援する活動が「NIPPONIA」である。

すべては丹波篠山から始まった：「篠山城下町ホテルNIPPONIA」

丹波篠山は、400年前の徳川の命で始まったまちであり、山々に360度取り囲まれた盆地にある。京都・神戸・大阪といった大都市から60分圏内にあり、古くからの建物が残る地域は、重要伝統的建造物群保存地区（重伝建地区）に指定されている。自然豊かな山々の景観、歴史的なまち並み、伝統あるデカンショ祭、黒大豆などの特産品もある。戦後の人口は5.7万人で、2008年に藤原さんが篠山に戻った当時は4.3万人、現在では4万人を切るところまで減少している。京都や大阪などの大都市圏から近いことで、逆に若者が出て行ったきり戻ってこない傾向が続いている。

空き家がまとまっていれば、その周辺地域も含めて一体的に再開発をする選択肢も出てくるが、地域内にバラバラと分散して歯抜けのように生じることがほとんどである。そこで、それぞれの空き家

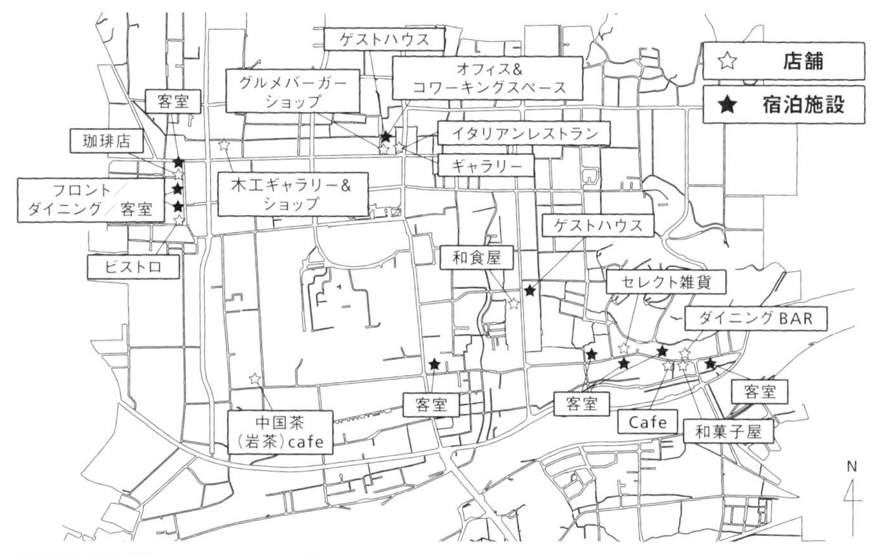

◎「篠山城下町ホテルNIPPONIA」

を宿や店舗として開発することでバラバラの空き家をネットワーク化して、地域全体を再生していく方法を考えた。

まちに分散する空き家を再生しては、そこに入居する新しい事業者を探す。カフェや、レストランだったり、木工クラフトだったり、多様な事業者にテナントとして入ってもらう。宿泊施設部分はフロント棟のほか客室を半径約2キロの範囲に分散させた。宿泊客はまちの中に点在する分散型の客室に宿泊し、観光客がまち全体にお金を落とす仕組みを構築した。城下町全体がホテルとして機能する[上図]。

ここで宿泊客に体験してもらいたいものは、まちに暮らす住民の生活そのもの、文化そのものであり、これが「NIPPONIA」の目指すものである。

「NIPPONIA」の活動

前述のように、今現在、「NIPPONIA」は全国に32ヵ所あり、総客室数が約220室。年間5万人もの人たちが「NIPPONIA」に宿泊し、各地域の固有の暮らしや文化を楽しんでいる。

「NIPPONIA」事業では計画のすべてを一度に開発するのではなく、将来はこうしていこうという設計図は描くが、それを一気には開発せず、たとえば第1期は9棟、第2期では1棟、第3期に6棟、第4期に4棟…と、徐々に客室棟を増やしたり、次にレストランを増やしたりと、段階的にまちづくりを進めていく。

ホテル事業がすべてではないが、地域の受け皿としてまず宿泊施設を開発し、ま

篠山城下町内の昔のまち並みが残る通り。篠山は二条城の白書院を模してつくられた篠山城を中心とした城下町で、400年の歴史をもつ。街道筋にあったことから現在でもさまざまな文化活動が盛んだ

「篠山城下町ホテルNIPPONIA」のフロント、ダイニング機能をもつONAE棟（下4点）。城下町西町の旧山陰街道沿いに位置する明治期に建てられた元銀行経営者の旧住居。篠山城下町の町屋の特徴である下屋を有している。
上右はダイニング、下左は共有部分、下右は客室。

篠山城下町のまちなかに点在する飲食店の一軒

ちなかを歩きながら楽しめるように店舗などの開発を進める。その際には昔からある老舗などの既存店舗もふくめてエリアを計画する。

事業の仕組みとしては、まずはその地域の開発に特化した「まちづくり開発会社」(SPC:特別目的会社)を立ち上げて、空き家物件を確保する。購入することもあれば、借り上げてサブリースを掛けることもある。そして金融機関から資金を調達して、各物件を改修・再生し、それを各事業者に貸し出して家賃収入を得る[164頁上図]。

したがって、32ヵ所の「NIPPONIA」はそれぞれ、32ヵ所で個別のまちづくり会社が運営していることになる。たとえば自治体や、民間がもっている建物を賃貸、購入、指定管理などのかたちで、まちづくり会社が一度事業主体として預かり、エリア計画をきちんと検討したうえで、その計画に応じてテナントのサブリースを掛けていくという仕組みになっている。この基本的な進め方はどのエリアでも一緒だが、各地域の個性や特徴に合わせて、景観やエリアデザインを加味してカスタマイズし、グランドデザインを描いてから開発を進めている。そして各地域の歴史や暮らしを尊重することで、どの地域でも独自の価値が創出され、各々のオリジナリティが生まれている。

ここでは空き家は資源として捉えられる。改修費や不動産開発のリスクはまちづくり会社で請け負い、購入またはサブリースで15年程度で借り受け、その期間で投資回収をする。各施設での営業は各テナントに定借し、運営のリスクは各事業者で分散して対応する。つまり資源は集約し、リスクは分散することで持続性の高い仕組みができ上がる。

32ヵ所における「NIPPONIA」の立ち上げを通して、事業体制と資金調達方法を試行錯誤しながら各地域に合わせたやり方を構築した結果、以下の11種類の開発スキームが実現している[164-165頁下図]。①サブリース方式、②転売方式、③LLP方式(有限責任事業組合)、④0円指定管理方式(行政系)、⑤普通財産化方式(行政系)、⑥寄付物件モデル方式(行政系)、

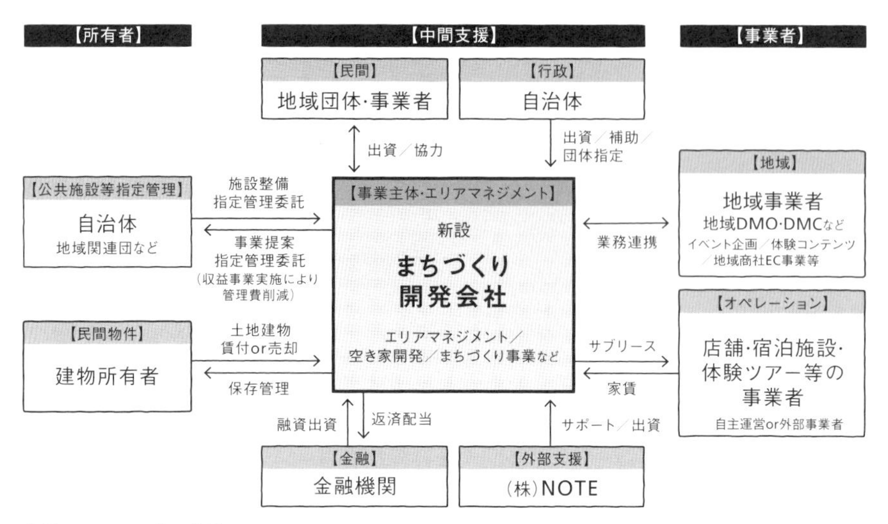

◎「NIPPONIA」の事業ストラクチャー

◎「NIPPONIA」の11種類の開発スキーム

⑦Park-PFI方式（行政系）、⑧オーナー方式、⑨民間ファンド方式、⑩市民ファンド方式、⑪所有者自己資金方式。これらはたとえば、同じ地域でも、物件ごとに異なった開発スキームで対応することもある。こうして“点”ではなく“面”で戦えるように仕組みづくりを行い、それぞれが役割分担しながら、地域の再生・活性化を推進している。

文：田島則行

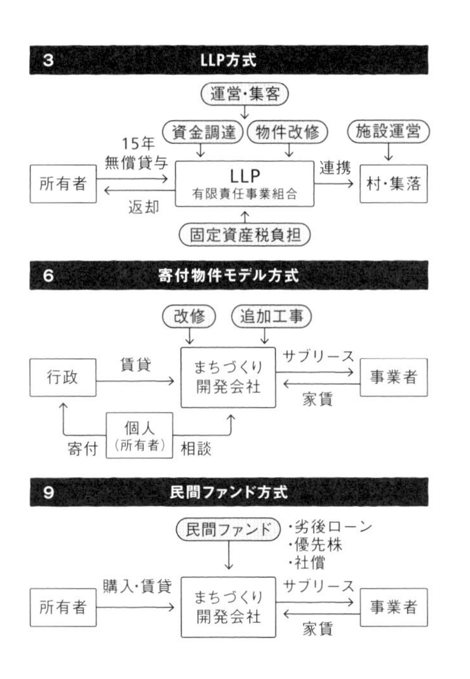

篠山城下町ホテルNIPPONIA

◎概要：
2015年10月に「NIPPONIA」事業の第1号として、当時、国内でも珍しかった分散型ホテルとして誕生。4棟10室から始まったが、8棟20室まで拡大した。（一社）ノオトとして取り組んできた歴史的建造物の活用事業の集大成として位置づけられている。
◎企画：（一社）ノオト、（株）NOTE
◎運営：バリューマネジメント（株）
◎所在：兵庫県丹波篠山市
◎用途：分散型ホテル
◎構造・規模：木造・1〜2階建て
◎完成：
江戸後期〜明治築、2015年10月オープン
◎事業の形式：
民間から100%の資金調達
◎アセット規模：
8棟20室、合計約1700㎡
◎元の用途：古民家、商家等

Case

11 自治体と民間を連携させ新しい流通の仕組みをつくる

Interview

和田貴充／
空き家活用株式会社

Project

アキカツナビ

空き家活用(株)は自治体と連携し、デジタル技術を駆使しながら、空き家流通を促進させるためのさまざまな仕組みを提案・構築する。空き家流通プラットフォームや空き家相談カウンター、「アキカツ自治体サポート」など、どれも流通に必要な入り口から出口までの一体化に関わるサポートが特徴だ。

空き家活用(株)の運営するYoutubeの空き家紹介チャンネルより

空き家活用株式会社から学ぶ実践のポイント

❶ 空き家が減らない構造を問題視

現状では少子高齢化による人口減少で空き家が増え続け、また空き家を減らす方策も機能していない状況にある。このような空き家が減らない構造を問題視した。

❷ 流通に乗せ直す仕組みがないことを課題に

空き家の所有者が見つからない、あるいは所有者がどうしてよいかわからないという入り口の問題や、不動産業界が値段がつきにくい空き家を扱いたがらないこと、そして銀行が空き家に融資したがらないなどの原因により、空き家を再生してマーケットに乗せ直す仕組みがない。この問題の解決を課題に据えた。

❸ 一体的な対策が必要と気づいた

空き家の流通には不動産、銀行、建築設計、建設といった縦割りで横たわる業界を突き通す必要があるが、素人の空き家の所有者や利活用したいユーザーにはそれが難しい。それらの実現に有効な“市場の見える化”による一体的な対策が必要とされていることに気づいた。

❹ 自治体と民間の連携により所有者らとDXで情報を共有

空き家の発見から流通、再活用までを、デジタル技術の助けを借りながら仕組み化することを狙いに据える。自治体と民間の連携によりDXで所有者と空き家情報の共有を目指す。

軍艦島で空き家問題に出会う

空き家活用(株)の代表の和田貴充さんは、大阪で住宅産業の不動産業や職人として建設業等を経験した経歴をもつ。そして38歳のときに長崎の軍艦島に出会い、1916年に建てられた日本最古の集合住宅や島全体が空き家だらけになっているのを見て、空き家問題を解決するビジネスモデルをつくる決心をしたという。人が減っていくのに、新築をどんどん建てていくという世の中のあり方に疑問をもち、これ以上、廃墟を増やしてはいけない、不動産の価値が毀損していくのをそのままにするわけにはいかないと感じた。

放置される空き家をどう解決するか 新しい流通の仕組みをつくりたい

空き家情報のハブを創出し、中古不動産流通を再定義して、日本の国土の価値を底上げしたいと考えた和田さんは、2014年に空き家活用問題を解決するビジネスモデルを立ち上げた。2023年には約900万戸もの空き家が存在し、これがさらに2033年には2000万戸まで増大することが予想されている。少子高齢化のなかで人口が減り、古い建物はどんどん空き家になって増えていくが、利活用されずに放置されてしまう。政府や地方公共団体はその対策を検討し、空き家バンク等の新しい試みを始めているが、空き家を探すのもひと苦労、その空き家を使ってくれる人を見つけるにも難儀するという状況にある。空き家所有者は相談できずに空き家を放置してしまい、自治体担当者は対策が追いつかず、所有者目線でサポートしてくれる事業者が見つからない。そして空き家の利活用希望者は、空き家をどこで探したらよいのかわからない。

また従来の不動産業においては、空き家は売りにくい、貸しにくいということでなかなか空き家が市場に流通せず、中古不動産を改修しようと思っても、その後の利活用による価値が読みづらいことから銀行からの融資も付けづらい。そのような点からも空き家対策が一向に進まない。これではまずいと、政府は2023年に空き家対策特措法を改正し今までの方針を転換、廃屋の解体の推進から、利活用の推進へと空き家対策の方針を転換した。今後は価値の転換によるリノベーション・中古不動産市場が大きく拡大していくことが予想されている。

現存する全国にある住宅戸数が約6500万戸であるのに対して、空き家の総戸数は900万戸。そのうち515万戸はマーケットに流通しているが、残りの385万戸は未流通のままである。つまり売ろうとも貸そうともされていない、なんとなく空き家になってしまったものが385万戸もある。また建物の状態がきわめて悪い管理不全空き家は、そのうち23.5万戸ぐらい(約6%程度)といわれており、状態の良い空き家はまだまだたくさんあるのが現状だ。

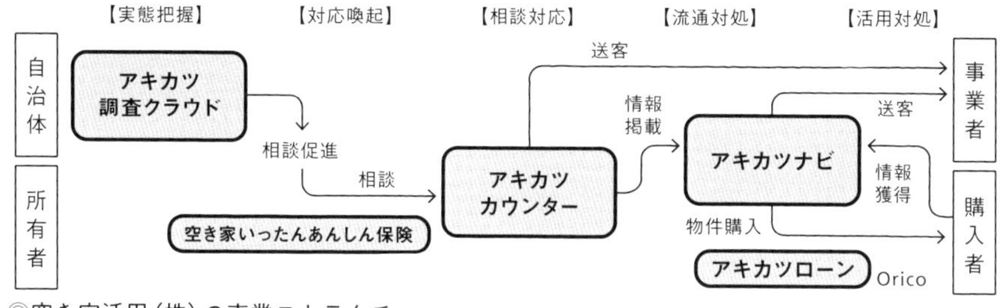

◎空き家活用（株）の事業ストラクチャー

「アキカツナビ」ほか空き家の流通を促進する仕組みを提供

そこで空き家活用（株）では、自治体と連携し、空き家流通の入り口から出口までを仕組み化した空き家流通プラットフォーム「アキカツナビ」を構築。

そのほかにも行政の空き家対策のDX化を促進した。クラウドツール「アキカツ調査クラウド」を活用した空き家相談カウンター「アキカツカウンター」の仕組みづくりなど、空き家の流通取引のコストを下げ商流の課題を解決するサービス展開を進めている。

また現在、56の自治体（2024年6月時点）と連携し、空き家の流通をワンストップで対応できる「アキカツ自治体サポート」を進めている。空き家所有者からの相談を促進し、どう解決するかをアドバイス・サポートする仕組みだ。リノベーションや改修を行ったうえで、その物件情報を空き家購入希望者に提供して賃貸または購入をしてもらう。つまり空き家の発見から再生・利活用までを支援するという内容である。

また中古不動産に対する回収コストの融資を推進するため、銀行からの融資を付きやすくすることを目的に、オリコと地方銀行と一緒に組み「アキカツローン」というサービスも始めている［上図］。

現在、日本国内の自治体向け空き家市場では約100億円、解体や片付け、リフォーム・ローン等の空き家関連市場では約2000億円が眠っていると試算されており、それらが市場に開放されれば、地方の創生にとって大きなチャンスになると和田さんは考えている。空き家の有効利用で夢を叶えられる人が地方に集まり、それが日本の再生につながることが期待できるのだ。

文：田島則行

アキカツナビ

◎概要：
自治体と連携のうえ、空き家購入希望者が「選べる」「決められる」情報を掲載するWeb情報プラットフォーム。空き家の所有者と購入希望者をマッチングし、空き家の流通及び利活用を促進する。
◎運営：空き家活用（株）

Cross Talk

再生事業の資金調達のスキームづくりに“よそ者”は不可欠

藤原岳史　一般社団法人ノオト、株式会社NOTE
和田貴充　空き家活用株式会社

資金調達が一番難しく、かつ重要

――お二人はそれぞれ独自のビジネスモデルを組み立てられていますが、事業が軌道に乗るまでには非常に苦労されたのではないでしょうか。

和田：苦労は今でも常にあります。空き家活用(株)も社会課題の解決のためという志のもと、自治体の手伝いをしてますが、じつは自治体と組むのはなかなか難しいのです。

現在までに50近くもの自治体と仕事をしていますが、ベンチャー企業ですから、実績の少ない最初の3年まではとても厳しかったです。

――「NIPPONIA」ができ上がるまでには5年ほど掛かっていますが、どのようなところが難しかったでしょうか。

藤原：空き家再生のプロジェクトでは、それぞれ毎回、何かしら異なった難所があって、どうやったら実現できるのかと苦悩します。既存のパターンで解決できないときには新しいスキームを生み出しています。資金調達のスキームや不動産の価値がどうすれば上昇するのかを丁寧に組み立てていくことで、現在11個のスキームができました。

――藤原さんはずいぶん長い間この分野で活動されていますが、実現させるのには何が大切だと思われますか。

藤原：僕は空き家に“不動産”という見方をあまりしていません。どちらかというと情報をどう扱って発信していくのかや、持続させるための事業スキーム、また調達した資金をどうやって返済していくのかというソフトの部分が重要だと思っています。

「NIPPONIA」事業で手掛けるものには過疎化が進んで限界集落になっている

ところも多いので、宿泊業というより寄付というかたちや、宿泊者が参画者でもあるような見せ方が新しい視座として必要ではないかと思っています。

“よそ者”と組んで知見を手に入れることが大切

——一般の方が空き家を対処したいと考えたときに、スキームがつくれないとか資金調達ができない、そもそも何をすればよいかわからないということがあって、そこで終わってしまうことがあります。行政に相談に行っても何が起こるということもないですし、不動産屋に行っても一番手数料を高く取られる方法を勧められたり、銀行に行ったら担保価値を測られて「あまり価値がありません」と言われて終わってしまうことが危惧されます。

そのような状況を打開するのはどのようにしたらよいでしょうか。

和田：成功している事例の視察が頻繁に行われていますが、そのまま同じことをしてもうまくいくわけがありません。地域の文化や培ってきたものをきちんと見直すことから始めるべきです。大きな宣伝会社に大金を渡してもパンフレットをつくられて終わりということもよくあります。

大事なのは地域で一生懸命やろうとしている民間の人たち、とくに若者が主体となること。そしてそれを自治体が応援するというかたちで行うことです。そしてここには絶対に“よそ者”が必要です。ただ口先だけの変なコンサル会社ではなく、泥臭く一緒にやってくれる人を見つけることが大事です。

(一社)ノオト、(株)NOTEが開発した「NIPPONIA」第1号の「篠山城下町ホテルNIPPONIA」のあるまち並み

空き家活用(株)では空き家の流通取り引きコストを下げ、商流の課題を解決するさまざまなサービスを展開。写真は空き家活用(株)の運営するYoutubeの空き家紹介チャンネルのワンカット

藤原：自治体との付き合い方も全国で共通した課題だと思います。

自治体自体も自分たちの公共性の使いどころをわかっていないので、変なところに無駄な金を使ってしまうことがよくあります。コンサルタントに高い広告費を払って動画をつくったはいいけれど、効果がまったく出ないとか。そのような動画に2000万、3000万を注ぎ込むのであれば、空き家に投資して、儲かったら配当を受け取れる仕組みをつくったほうが、よほど地域の活動に有益で、持続できる取り組みになります。

だから僕らも最近は自治体に出資してもらうようにしています。そうして1万円でも利益が出れば自治体も第三セクターをつくれるので、国から受け取れる補助金の幅が広くなるというメリットもあります。

大艦隊で自治体を手伝いに行く

和田：まちの再生は多分、1社だけでどうこうできるようなものではないと思うんですね。僕らは空き家活用（株）の1社だけではなくて、大艦隊で自治体に手伝いに行くようなイメージを抱いています。たとえば現在も一緒にプロジェクトを進めている（株）オリエントコーポレーションやあいおいニッセイ同和損保（株）、Airbnb Japan（株）、（株）アドレスのような多様な企業と自治体が空き家対策を一緒にやるような。空き家活用（株）はOS的な役割で、アプリケーションはまちに合ったものを選んでインストールしていく、そんな仕組みをつくりたいと思っています。

藤原：ほかには本当に資金調達できるかどうかが結構大きな課題だと思います。金融の仕組みも本人自身では使えないけれど、座組みを変えることで使えるようになる。今までの法律を変えるというよりは、違う観点をもてば活用できることもあると思います。

和田：それはいいですね。今回の書籍で田島さんが取り上げている方たちとのコラボレーションが実現できれば、結構、世の中を変えられるような気がします（笑）。

（進行：田島則行）

不動産市場から見るアセット価値向上の手法：イギリスの建築ストックから

中城 康彦

建築ストックの価値基準を見直す

建築ストックの継続利用の適否を判断する材料の一つは、その建築ストックがその後どの程度の期間利用可能か推定可能であること、もしくはそれを問題にするまでもなく長期に及ぶと信じられることである。

不動産の価値はその不動産が将来どれ程の効用を有し、所有者や利用者がどれ程それを享受し得るかで決定される側面がある。この意味で時間は不動産価値の源泉である。単位時間あたりの効用[*1]が一定として、その持続期間が永久の場合の価値を100とした場合、120年＝99.7、90年＝98.8、60年＝94.7、30年＝76.9である[*2]。30年を切ると急激に減少し20

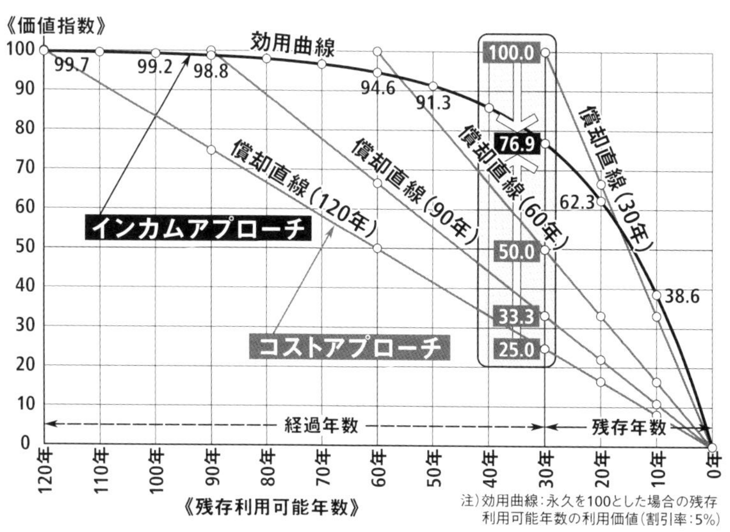

残存利用可能年数の価値を評価（fig.1）

*1 賃貸用不動産であれば総収益－総費用。自用の不動産であれば賃貸を想定するなどの方法によって推定する

*2 割引率5%

年＝62.3、10年＝38.6となる。これを示したものがfig.1の効用曲線である。

この考え方に立って不動産価格を求める方法をインカムアプローチという。利用（使用収益）によって得られる効用にもとづくことから需要者の立場を反映する価格評価手法である。

これに対して日本で一般的な考え方では、建物の価格は時間の経過に伴って減価する。すなわち、新築時点がもっとも高く（100）、耐用年数を迎えた時点で価値を失う（0）。新築時の100と耐用年数到来時の0を結ぶ線には各種のものが考えられるが、伝統的に直線で結んだ線で建物価格を示す（定額法）。

この考えによれば、120年耐用する建物の価格は図中の償却直線（120年）で示すことができ、同様に90年、60年、30年耐用の建物の価格もそれぞれの償却直線で示すことができる。この方法では建物価格線は建物の耐用年数の数だけ、つまり無数に存在する。

この方法は取得に要した費用を耐用年数にわたって期間配分する企業会計の減価償却の考え方を援用したものである。償却直線による価格評価では、新築から何年経過したかという過去の事実が建物の価格に決定的に影響する。

この考え方に立って不動産の価格を求める方法をコストアプローチという。建築に必要な費用にもとづくことから供給者の立場を反映する価格評価手法である。

残存利用可能年数が30年の建築ストックの価値率*3をコストアプローチで求めると、120年耐用建物は耐用年数の3/4が経過しているため25%、同様に90年耐用建物は33%、60年耐用建物は50%、30年耐用建物は100%となる。一方インカムアプローチで求めると、76.9%（割引率5%）であるところ、この値は経過年数とは無関係で一定である。残存利用可能年数が建築ストックの利用価値を規定し、それが経済価値として顕在化する市場であれば当然の帰結である。

効用曲線と償却直線を比較するとおおむね、そして長期に利用可能な建物であればあるほど、前者が後者を上回っていることも重要である。米国では既存住宅の時価総額が国民の不動産投資額と同等以上ある一方、日本では前者が後者を500兆円下回って、半分以下にとどまることが課題とされた*4。米国では住宅投資（フロー）が住宅資産（ストック＝アセット）となって資産形成可能な市場がある一方、日本の市場では資産喪失が生じる理由の一つは中古住宅の価格評価の違いにある*5。すなわち、経過年数重視の日本型の評価（償却直線型）を残存利用可能年数重視の米国型の評価（効用曲線型）に修正することが要請されている*6。

以上要するに、アセットを活用したまちづくりを定着させるには、建築ストックの価値基準を「建物が古いから価値がない」から、「残り〇年使えるから△の価値がある」に変容させることである。60年の価値は94.7%で、さらに60年使え

*3　新築時、または永久に利用可能とした場合の価値を100%とした場合の価値の割合。fig1で価格指数で示したものを%表示に置き換えたもの
*4　国土交通省、中古住宅の流通促進·活用に関する研究会資料（https://www.mlit.go.jp/common/001001913.pdf）

ると確信できれば、永久（新築の状態で使い続ける）の価値と同程度の価値が認められる。アセットを活用したまちづくりの実現には根拠をもって残存利用可能年数を判定することが要請され、経過年数によらず60年の残存利用可能年数を維持し続ける営為が持続可能なまちづくりにつながる。

新旧の建築要素を対比させる

かつて物流の主役が船だった時代、栄える大都市の条件の一つは大河があり、都市の中心部近くまで大型の船舶がアクセスできることであった。ロンドンもその例にもれずテムズ川が都市の中心部を流れ、貨物の集積のための倉庫が河岸に数多く立地していた。今日では物流の主役は航空機やトラックに代替し、物流の観点から見ると河岸の倉庫は無用の建築ストックとなった。

ロンドン中心部のタワーブリッジ近くにも倉庫が立地していた。fig.2の左側の建物はそんな倉庫を住宅に転用し、分譲したものである（用途と所有者の変更*7）。眼前にはテムズ川のオープンスペースがあり、対岸にはシティの金融街を見ることもできる。すでに100年経過した建物は今後も100年は利用できるという価値観が共有されていることを背景に、不動産市場で高級分譲マンションとして取り引きされている。他方、観光客には古いまち並みを大切にする英国の風情ーまちづくりとして評価される。

外観はレンガを残して倉庫の面影と時間（古さ）を留めながら、鉄とガラスで構成されるモダニズムのバルコニーを片持ちで追加して新旧や軽重のコントラストを演出し、アセットとしての唯一性を主張している（fig.3）。

ロンドン中心部のコンバーテッドフラット（fig.2）

左写真（fig.2）の建物近景。構法と材料の新旧コントラスト（fig.3）

*5　米国の住宅評価では実際の経過年数（実際経過年数）ではなく、追加投資や管理の状況から価格評価上の経過年数（実質経過年数）を判定し、これを用いて価格評価する。追加投資や管理状況が良好な住宅の実質経過年数は実際経過年数より相当程度少なく判定される

*6　米国に限らず、英国も同様である。英国の例は後述する。需要者（買主）の評価（効用曲線）が供給者（売主）の評価（償却直線）を上回ることから、効用曲線型へ移行していける可能性は高い

*7　コンバージョン。コンバージョンは用途に限らず、所有者や利用者の変更を伴うことも少なくない

時間と空間を組み合わせる

セミデタッチドハウス(Semi Detached House)といわれる2戸建て住宅は英国ほかで見られる住宅形式である。ここでは筆者が調査した「Metcalfe Roadの2戸建て住宅」(fig.4〜fig.7)をもとに解説したい。セミデタッチドハウスは戸建て住宅の雰囲気と住環境をもちつつ住戸密度を高める方法だが、二つの1戸建て住宅(Detached House)を建設すると外観が貧弱になるところ、2戸建てにすることで大きさや高さに風格が保てる側面もある。

英国の不動産市場では、第二次世界大戦直後に建設された住宅は注意せよ、といわれる。大量供給を急いだことからデザインのほか材料や施工に問題を含むものがあることを言い表している。その意味では同時代の住宅は品等の高さの観点では必ずしも優れた"アセット"とはいえない側面がある。その点は立面や平面などからも読み取ることができる。

不動産市場のニーズを見ると、世帯の小規模化に伴う小規模住宅の需要が高まっている。若年層の晩婚化や未婚化、長寿化に伴う高齢者夫婦や単身高齢者の増加などが背景にある。英国もその例にもれず、2層分を1世帯で使う2戸建て住宅が大きすぎて市場の需要に合致しない状況が生まれる。「Metcalfe Roadの2戸建て住宅」を所有(フリーホールド)する高齢者夫婦は住まなくなった2戸建て住宅(ハウス)の上下階を独立した住宅(フラット)に転用して(コンバーテッドフラット)、別々の利用者に提供した(fig.4)。

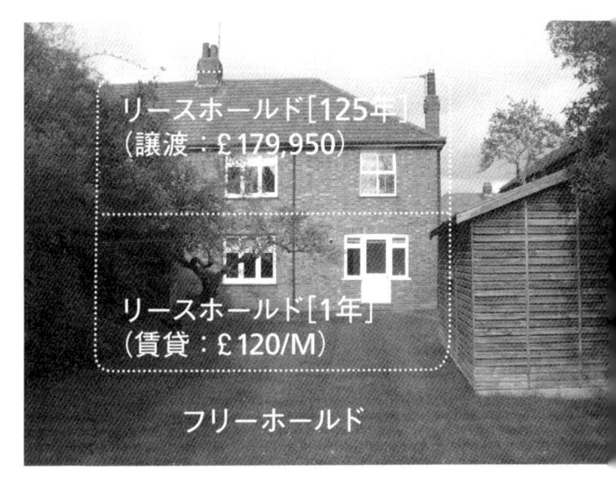

「Metcalfe Roadの2戸建て住宅」の時間と空間を組み合わせた資産活用(fig.4)

下階は契約期間1年、月額賃料120ポンドで賃貸(リースホールド)し、上階は期間125年、契約一時金(権利金)17万9950ポンドで賃貸(リースホールド)した。同じ賃貸借契約(リースホールド)ながら、権利の態様と経済的対価は大きく異なる。日本の不動産市場に置き換えると、下階は日本の建物賃貸借と同様である。一方、上階は権利金2000万円で借家権を譲渡(売却)したことに相当する*8。もっとも現在の日本に住宅の借家権を売買する慣行はない。125年後には返還されるから法的には賃貸借ではあるとしても、高齢の夫婦がその時点で存命していないことはほぼ確実なことから、賃貸物の実質的な返還を期待しているわけではない。言い換えると、コンバーテッドフラットにしたことには所有者の事情もある。高齢の夫

*8 リースホールド(leasehold)を賃借権と訳すことは厳格な意味では適切ではなく、期間保有権(期間のある土地建物の保有権)の側面がある

「Metcalfe Road の2戸建て住宅」(この扉すべて)。配置図(fig.5)

立面図。2戸建てにすることで大きさや高さに風格が保てる(fig.6)

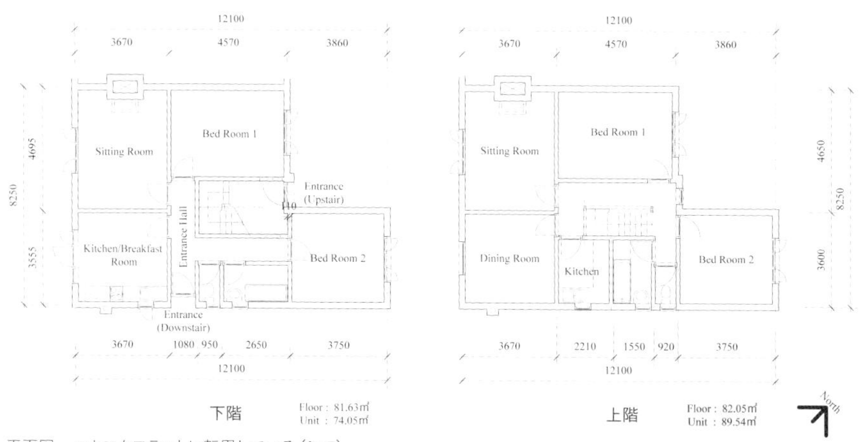

平面図。ハウスをフラットに転用している(fig.7)

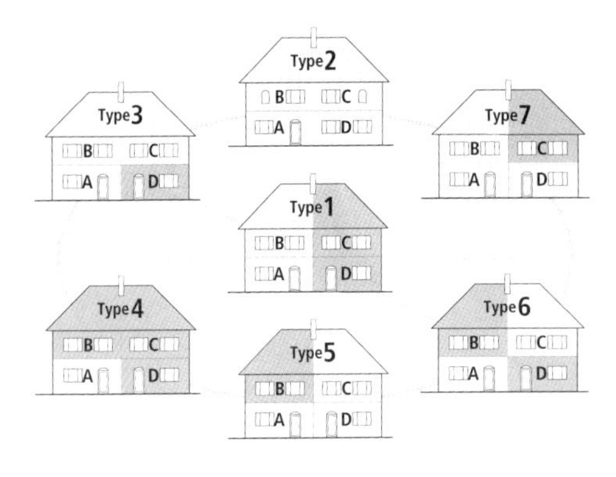

2戸建て住宅の利用区分の可変性（fig.8）

まち並みの不変性（fig.9）

婦は下階の家賃で月々の生活費を賄う一方、上階の賃貸（譲渡）で得られた権利金を使って人生最後の世界一周クルーズに出掛けた。所有者の人生設計を実現するためのアセットマネジメントとして建築ストックが活用されている。

このように建築ストックについて時間と空間、権利と価格を組み合わせながら不動産市場に対応し（fig.8）、所有者のニーズに即応させている（可変性）。一方、外観からはその様子はわからず、結果として地域の風情を保持し続けている（不変性）。アセットの可変性と不変性を組み合わせたまちづくりである（fig.9）。

英国のリースホールドが建築ストックの多様な利用の背景にあることと比較すると、日本の建築ストックの利用権は網

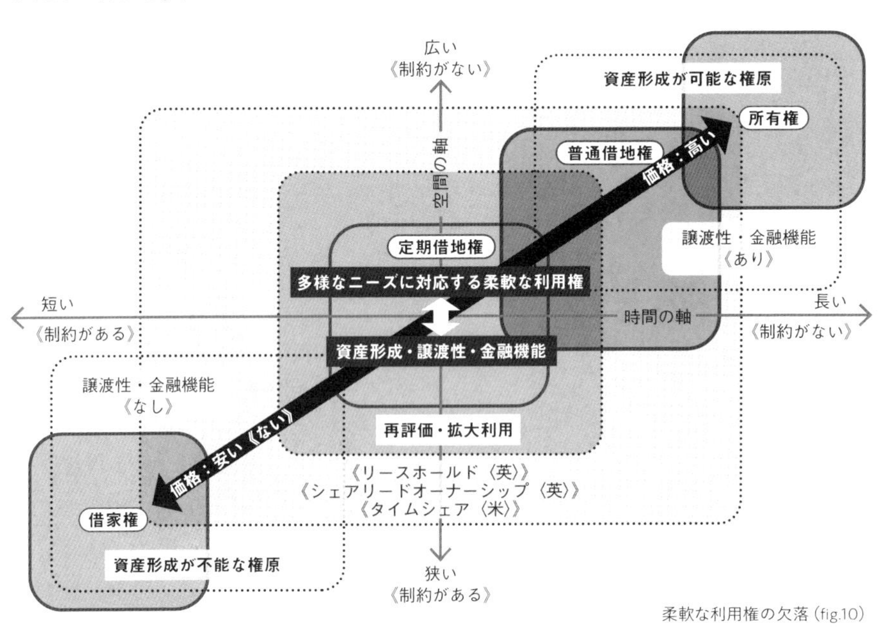

柔軟な利用権の欠落（fig.10）

羅性と柔軟性に欠ける側面がある。日本の不動産利用権は所有権と借家権が中核である。所有権は使用・収益・処分権を含む大きく、かつ制約が少ない永久の権利である。価格は高価で入手が容易でない半面、普遍的な価値があり資産形成できる。抵当権を設定して融資を受け、積極的な経済活動が可能である。借家権の内容は賃貸借契約で定めるが期間は数年で、建物の用法に従う利用、自由に改修できない、所有者が変わって立ち退きを求められる可能性があるなど制約が大きい。価格(賃料)は安価で入手が容易な半面、抵当権が設定不可で金融機能、譲渡性、資産価値がない。借地権は所有権と借家権の中間に位置するところ、借主保護に重きを置く借地借家法制のもとで所有権に近い強さの普通借地権は地主の協力が得られず新規供給が期待できない。

日本の不動産利用権は所有権・借地権・借家権に分断されて不連続で、変容する市場の多様なニーズに対応できる利用権が存在しない。大正時代以降、権利の面で借主を保護してきた法制に経済の面の合理性を加える必要がある。能力や資力のある賃借人の経済活動を促す[*9]ことがアセットを活用したまちづくりには不可欠である。英国のリースホールドと共通する性質をもつ定期借地権を不動産利用権の中心に位置づけ、既存の建築ストック(アセット)を活用したまちづくりの方式として再評価し、柔軟な利用を展開することが考えられる(fig.10)

アセット活用を循環させる

先述したタワーブリッジ近くで倉庫を分譲マンションにしたアセット(fig.2)の前には誰でも通行できる遊歩道が広がり、観光客は観光目的に、地域の住民は散歩や飲食店に出向くなど、多様な人々が多様な目的に使っている。テムズ川の両岸にはテムズパスといわれる遊歩道がつながり、憩いの場所になっている。

遊歩道は必ずしも買収や水面埋め立てなどによる独自の土地にあるわけではない。川沿いの倉庫は貨物の積み下ろしの都合上、河岸いっぱいに建築され、遊歩道をつくる余地がないことも少なくない。そのような建物は遊歩道をつくるうえでは邪魔もので、解体するか遊歩道の連続性を断念することになってしまう。

「OXOビル」(fig.11)は倉庫だった建物を店舗、住宅、レストラン併用の建物に転用するとともに、1、2階の一部を開放して遊歩道を貫通させたアセットである。コンバージョンによって遊歩道の連

民間ビルと遊歩道の共存(fig.11)

*9 国土交通省が推奨するDIY型賃貸借はその例である

倉庫だったアセットの面影を留める共同住宅（fig.12）

THAMES TUNNEL MILL

This is a listed mid 19th century former mill building and warehouse. It is one of the earliest warehouse residential conversions in Docklands.

アセットの記録を留めるプレート（fig.13）

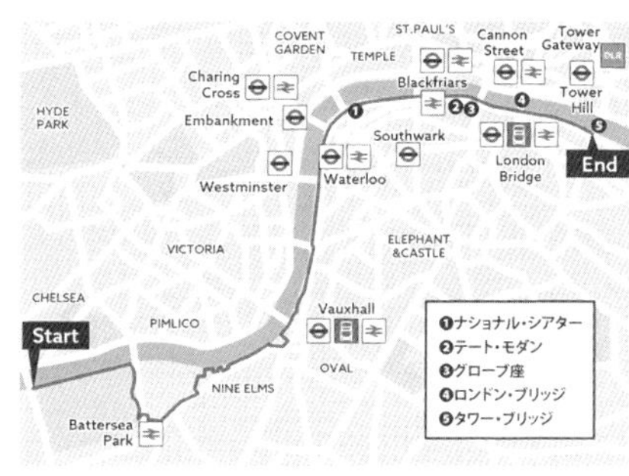

遊歩道でつなぐアセット群（fig.14）

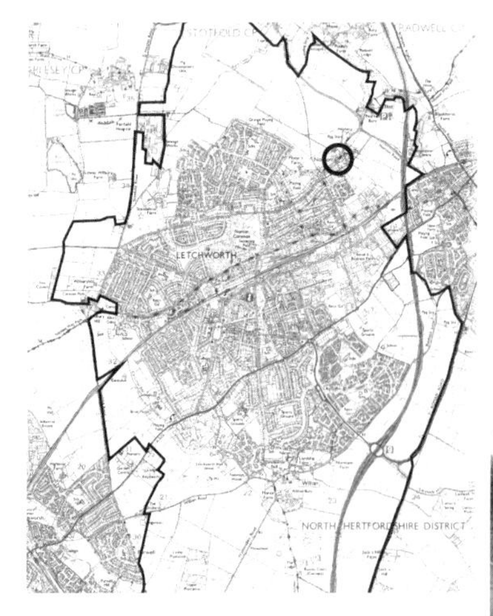

レッチワースの市街地とグリーンベルト〈図中の〇は右写真（fig.16）の建物の位置を示す〉（fig.15）

馬小屋を転用した高齢者施設（fig.16）

続性が確保できたとともに、多くの通行人が利用する遊歩道沿いは店舗立地が可能となった。建物にとっては遊歩道のためにその一部を提供することは“ムチ”であるが、地域の原則では建築できないレストランを最上階につくる“アメ”が与えられコンバージョンの事業性を確保している。アクセスが劣る中2階は個性的な店舗を出店する若者らに安価に賃貸して多世代の注目を集める工夫をしている。

倉庫という時代遅れで、しかも遊歩道をつくることを阻害する河岸のアセットについて知恵を出し合い、公・共・私がWIN-WIN-WINの関係をつくり上げ、まちづくりを象徴する景観の一つになっている。

fig.12も同様に河岸の倉庫を共同住宅に転用したものである。テムズ川の支流沿いにあり住宅としての立地や景観は本流沿いに比べると劣るが、倉庫時代に使っていたクレーンをそのまま残して強い個性としている。川に木杭を打ち込んで遊歩道を確保している点も特徴である。必ずしも高規格ではないが遊歩道の連続性を重視して延伸し、住宅からの出入りを確保して転用住宅の価値を高めている。倉庫から転用した住宅であることを示すプレートを遊歩道側に設置し、コンバージョン住宅とその経緯を誇示するアセットもある（fig.13）。

fig.14は旅行会社の旅行案内で、テムズパスを利用したロンドン観光の魅力をアピールしている。遊歩道をつくるためにアセットを利用し、つくった遊歩道を利用してアセット群をめぐる観光が成立している。訪れた観光客はアセットの使いこなしの巧みさが生み出したロンドンの風情を楽しむことから、アセット活用の循環がロンドンのまちづくりに貢献し、都市の価値を高めている。

ガーデンシティの理念をつなぐ

レッチワースは居住にかかる20世紀最大の発明といわれる田園都市構想によって建設された最初の都市である。職住近接のコンパクトな市街地のまわりをグリーンベルトが囲む「都市と農村の結婚」による都市づくりの理念は今も継承されている（fig.15）。

グリーンベルトは農地や牧草地として利用されて文字通りグリーンを保つが、英国の土地は石灰岩質で肥沃とはいえず、農業の競争力は高いとはいえない。国土を緑に保つ行為を重視し、国が農業に対して所得補償を行ってきたが、農家は全般に後継者難で廃業の危機と背中合わせのことも少なくない。

レッチワースの農家住宅は市街地とグリーンベルトの境界部分に多く立地する。fig.16は廃業した農家の馬小屋を高齢者施設に転用したものである。世界的に有名で住宅地としても人気の高いレッチワースであることから、この場所に新規の住宅開発をすれば注目の高額プロジェク

ラベナムのまちの絵のようなアセット（fig.17）

トになると思われる。ここではそれを選択せず、馬小屋を地域のアセットとして転用利用している。そのことによってガーデンシティの理念をつなぎ、レッチワースのまちの独自性を保っている。

入居する高齢者は眼前に開けるグリーンベルトの光景やグリーンベルトをめぐる遊歩道の散策を楽しむことができる。これもガーデンシティの理念の一つである。馬小屋という粗末なアセットがまちづくりに脇役ながら、しかししっかりと役割を果たしている。

日曜大工でアセットを直す（fig.18）

趣味と実益のアセット・まちづくり

15世紀に建築され、今となっては小ぶりな建物が連担する英国ラベナムのまちのアセットはアンティークで個性的な建物群である（fig.17）。静かな時間を過ごすことを大切にする人々が住み、お店を営んでいる。床や壁は傾いていても普通、棟木がうねり、屋根が波打っていても慌てず、悠然と流れる時間とひっそりとした風情が独特である。

そんなまちの一角で工事中の家があり、話を聞くと売りに出ていた家を買い、趣味の日曜大工で修繕しているところだった。床は大きく傾いており、大引きのような根太で水平を出し、床板を張っている（fig.18）。完成したらしばらく自分で住み、飽きたら売却するという。売却するときには間違いなく値上がりしているから、趣味と実益（不動産投資）を兼ねているのだという。

数百年経過[*10]した木造住宅（アセット）が市場で売買され、買主が追加投資して性能を向上させて継続利用し、やがて再び市場で売買するという。追加投資は自分の趣味に沿って行うが、将来高値で売却することを想定していることから、まちの脈絡から逸脱しないことは当然に、まちの脈絡を補強するアセットづくりを行う。個々の趣味と実益を兼ねたアセットづくりが市場を通じて承継され、無二のまちづくりになっている。

*10　ラベナムの木造建物は15世紀から16世紀に建てられたものが多い

おわりに

本書は、一般社団法人HEAD研究会のコミュニティ・アセットTF（タスクフォース）を母体に進めてきた研究をまとめたものです。2023年〜2024年度に掛けて、鹿島学術振興財団における特定テーマ研究助成に採択され、調査やインタビュー、そして研究の取りまとめを行ったものであり、下記の研究会メンバーの協力によって実現しました。

HEAD研究会
コミュニティ・アセットTFメンバー

田島則行（千葉工業大学、コミュニティ・アセットTF委員長）、広田直行（日本大学、副委員長）、森田芳朗（東京工芸大学、副委員長）、権藤智之（東京大学、ビルダーズTF委員長）

コミュニティ・アセット研究会メンバー

山崎亮（関西学院大学）、奥村誠一（文化学園大学）、大谷悠（福山市立大学）、田村誠邦（明治大学）、中城康彦（明海大学）、河野直（合同会社つみき設計施工社）、納村信之（岡山理科大学）、若竹雅宏（福岡女子大学）

巻頭のイントロダクション「コミュニティ・アセットへの提言」にも書いたよう

に、コミュニティ・アセットによる地域再生を推進していくには、今後は日本版の「中間支援組織」を確立し、各地の地元の有志や住民らを支援・後押ししていく体制の構築が不可欠です。今後は、そのためにさらに研究を進めていきたいと考えています。

最後になりますが、本書の作成にあたって、シンポジウムやインタビューに応じてくださった、各実践者の皆様にお礼を申し上げます。皆様の貴重な体験や実践を通じて積み上げてきた理論は、どれも貴重なものでありたいへん参考になりました。文字起こしをしたうえで本の文章を書き出すために整理をする過程においても、あの言葉も、この言葉もとても有益で限られた文面のなかで表現するのがとても難しいものでした。

また今回の研究活動は前述のようにHEAD研究会における活動が土台となっており、その運営についてはHEAD研究会の理事や事務局の皆様にたいへんお世話になりました。ありがとうございました。

コミュニティ・アセットTFにおいては、日本大学の広田直行先生、東京工芸大学の森田芳朗先生、そして、東京大学の権藤智之先生には何度となく相談に乗っていただき、そして貴重なご意見をいただけたことで、研究活動を推進することができました。ありがとうございました。

そしてインタビューやシンポジウムを行う際の映像の配信や記録、そして運営を手伝ってくれた千葉工業大学の田島研究室の学生たち、みんな、ありがとう。さらに本の構成ではダイアグラム等の図表の書き起こしを協力してくれたことで、本の見栄えが格段に良くなりました。

最後に、鹿島学術振興財団による研究助成に採択されたことで、研究を大きく進めることができました。関係者の皆様、ありがとうございました。そして、この本の出版を決断し、そして私の遅筆に辛抱強く付き合ってくださったユウブックスの矢野優美子様、グラフィックデザイナーのBarberの藤田康平様、古川唯衣様をはじめとする皆様、誠にありがとうございました。

2024年8月

田島則行

コミュニティ・アセットへの提言

fig.1・fig.6作成：千葉工業大学田島研究室［fig.1は「第2回住宅瑕疵担保履行制度のあり方に関する検討委員会資料」（国土交通省、2014年8月）の図を参考に作成。〈左図 アメリカの住宅投資：住宅資産額「Financial Accounts of the United States」（米連邦準備理事会）、住宅投資額累計「National Income and Product Accounts Tables」（米国商務省経済分析局）、※野村資本市場研究所（我が国の本格的なリバース・モーゲージの普及に向けて、小島俊郎）作成。右図 日本の住宅投資：国民経済計算（内閣府）より野村資本市場研究所（同上）作成〉］、fig.2出典：国土交通省「2019年とりまとめ、～新たなコミュニティの創造を通じた新しい内発的発展を支える地域づくり～」国土審議会計画推進部会、住み続けられる国土専門委員会、2019年、fig.3～5出典：田島則行 著『コミュニティ・アセットによる地域再生』（鹿島出版会、2023年）

コミュニティアセット構築のためのステップ

fig.1作成：千葉工業大学田島研究室、fig.2・fig.12提供：NPO法人尾道空き家再生プロジェクト、fig.3・fig.6～7提供：（株）エンジョイワークス、fig.4撮影：渡部立也／暮らしと家の研究所写真部、fig.5提供：（同）つみき設計施工社、fig. 8～11（株）NOTE、fig.13撮影：田島則行

Chapter 1　民間主導の公共プロジェクト

Case 1　地方から生まれた公民連携の最先端事例
写真撮影：田島則行、p.31図提供：（株）オガール

Case 2　官民連携によるまちの交流拠点
すべて提供：つくばまちなかデザイン（株）

Case 3　公民連携による集合住宅団地の新しい近隣空間
写真撮影：田島則行、p.45図提供：（株）コーミン

Cross Talk 1　コミュニティ・アセットの地平を開いた先駆者の心得
撮影：田島則行

Cross Talk 2　自ら編み出した公民連携の団地づくりの手法
撮影：田島則行

Research 1　団地に展開されたエリアマネジメント
fig.1作成：森田芳朗、
fig.2提供：UR都市機構、
fig.3出典：まちにわ ひばりが丘HP「エリアマネジメント組織図」（https://machiniwa-hibari.org）、
fig.4撮影：新建築社写真部、
fig.5提供：まちにわ ひばりが丘

Research 2　中山間地域における地域おこし協力隊の活躍
fig.1～2作成：納村信之

Chapter 2　コミュニティ事業から始まる地域再生

Case 4　DIYによる近隣活性化の始まり
p.66・p.69・p.70（上）・p.71（2点）・p.72・p.73（右）提供：（同）つみき設計施工社、
p.70（下）・p.73（左）
撮影：渡部立也／暮らしと家の研究所 写真部

Case 5　投資から始まる場の育成・運営
すべて提供：（株）エンジョイワークス

Case 6　"共感"をコアにした集合住宅の再生
p.86・p.88・p.89・p.90（4点）・p.91（4点）
提供：吉原住宅（有）、
p.92・p.93・p.94（4点）・p.95（2点）
提供：（株）スペースRデザイン

Cross Talk 3　コミュニティ事業と地域再生をつなげる手法
p.98（上）提供：つくばまちなかデザイン（株）、
p.98（中）提供：（同）つみき設計施工社、
p.98（下）提供：（株）エンジョイワークス

Cross Talk 4　各地のプレーヤーに知識とネットワークと手法を伝えていく
p.102提供：吉原住宅（有）

Research 3　社会性のある私欲
すべて撮影：権藤智之

Research 4　遺物を活かす空き家再生の提案
p.112（上）撮影：神庭慎次／studio-L、
p.112（下）撮影：吉田英司／studio-L

Chapter 3　市民の汗のエリアマネジメント

Case 7　空き家が増え続ける坂道のまちに立ち向かう
すべて提供：NPO法人尾道空き家再生プロジェクト

Case 8　オーナーを突き動かす地域貢献型のテナント戦略
すべて提供：（株）See Visions

Case 9　貧困と衰退に立ち向かう市民活動のアイデアと工夫
p.134・p.136（2点）・p.138（2点）・p.139（2点）・p.141出典：大谷 悠 著『都市の〈隙間〉からまちをつくろう』（学芸出版社、2020年）、
p.140：©Das Japanische Haus e.V.

Cross Talk 5　一つひとつの民間の活動からまちへ広げる
p.143（上）出典：大谷 悠 著『都市の〈隙間〉からまちをつくろう』（学芸出版社、2020年）、
p.143（中）提供：（株）See Visions、
p.143（下）提供：NPO法人尾道空き家再生プロジェクト

Research 5　アーティストと地域住民のゆるやかな関係
すべて撮影：若竹雅宏

Research 6　歴史的建造物の利活用によるエリア再生
すべて提供：奥村誠一

Chapter 4　まちの価値を活かした空き家再生

Case 10　既存の不動産価値を活かした再生術
すべて提供：（株）NOTE

Case 11　自治体と民間を連携させ新しい流通の仕組みをつくる
すべて提供：空き家活用（株）

Cross Talk 6　再生事業の資金調達のスキームづくりに"よそ者"は不可欠
p.171（上）提供：（株）NOTE、
p.171（下）提供：空き家活用（株）

Research 7　不動産市場から見るアセット価値向上の手法
fig.1～13・fig.16～18提供：中城康彦、
fig.14出典：『英国ニュースダイジェスト』vol.1559「大都市ウォーキングを楽しむ」（http://www.news-digest.co.uk）、
fig.15：© Crown「Luton & Stevenage Map Hitchin & Ampthill」（Ordnance Survey）

装丁写真　撮影：オジモンカメラ　髙橋希

Profile

〈編著者〉

田島 則行（たじま のりゆき）

千葉工業大学准教授。博士（環境学）、一級建築士、宅地建物取引士、テレデザイン代表。
1964年東京都生まれ。工学院大学建築学科卒業、AAスクール（イギリス）大学院修了。東京大学大学院博士後期課程修了。1993年独立。1999年テレデザイン設立。2013年千葉工業大学着任。設計デザイン活動の一方で、数多くのリノベーション、まちづくり、地域再生プロジェクトを手掛ける。受賞にJCDデザイン優秀賞受賞、建築家協会優秀作品選、都市住宅学会・学会賞著作賞、伊勢崎市景観まちづくり賞、国際学会（WBC2022）最優秀論文賞など。著書に『建築のリテラシー』（彰国社）、『コミュニティ・アセットによる地域再生』（鹿島出版会）など。

〈著者（50音順）〉

奥村 誠一（おくむらせいいち）
文化学園大学造形学部准教授、アーキインタイム共同主宰、武蔵野美術大学非常勤講師。博士（建築学）、一級建築士。
1976年福岡県生まれ。現・東京都立大学大学院建築学域博士課程修了。青木茂建築工房取締役東京事務所所長を経て、2020年奥村誠一建築再生設計事務所設立、2023年アーキインタイムに改組。著書に『建築再生学』（共著、市ケ谷出版社）など。

権藤 智之（ごんどう ともゆき）
東京大学大学院工学系研究科建築学専攻准教授。博士（工学）。
1983年香川県生まれ。東京大学工学部建築学科卒業、同大学大学院博士課程修了。首都大学東京（現・東京都立大学）准教授を経て、2017年より東京大学特任准教授に着任、2022年より現職。専門は地域の住宅生産、構法史、複雑形状の建築生産など。

中城 康彦（なかじょう やすひこ）
明海大学不動産学部教授。博士（工学）、一級建築士、不動産鑑定士、FRICS。
1979年名古屋工業大学修士課程修了。建築設計、不動産鑑定、米国不動産投資会社勤務後、会社設立。1996年明海大学専任講師、ケンブリッジ大学客員研究員を経て2012年明海大学不動産学部長・研究科長に着任。著書に『建築プロデュース』（市ケ谷出版社）など。

納村 信之（のむら のぶゆき）
岡山理科大学工学部建築学科教授。博士（工学）、一級建築士。
1965年愛媛県生まれ。東京大学建築学科卒業、AAスクール大学院修了、東京大学大学院工学系研究科博士課程。清水建設設計本部、プランテック総合計画事務所勤務後、テレデザイン・コラボレーション設立に参画。名古屋商科大学大学院教授後、2022年度より岡山理科大学教授に着任。

森田 芳朗（もりた よしろう）
東京工芸大学工学部教授。博士（工学）。
1973年福岡県生まれ。九州大学大学院工学研究科修士課程修了、東京大学大学院工学系研究科博士課程修了。著書に『図表でわかる建築生産レファレンス』（共編著、彰国社）、『箱の産業：プレハブ住宅技術者たちの証言』（共編著、彰国社）、『世界のSSD100：都市持続再生のツボ』（共編著、彰国社）ほか。

山崎 亮（やまざき りょう）
studio-L代表、関西学院大学建築学部教授。博士（工学）、コミュニティデザイナー、社会福祉士。
1973年愛知県生まれ。大阪府立大学大学院および東京大学大学院修了。建築・ランドスケープ設計事務所を経て、2005年studio-L設立。地域の課題を地域に住む人たちが解決するためのコミュニティデザインに携わる。まちづくりのワークショップ、住民参加型の総合計画づくり、市民参加型のパークマネジメントなどに関するプロジェクトが多い。著書に『コミュニティデザインの源流』（太田出版）、『縮充する日本』（PHP新書）、『地域ごはん日記：おかわり』（建築ジャーナル）、『ケアするまちのデザイン』（医学書院）ほか。

若竹 雅宏（わかたけ まさひろ）
福岡女子大学准教授。博士（工学）、一級建築士。
1975年広島県生まれ。日本大学生産工学部建築工学科卒業、同大学院修了。2000〜2018年鈴木エドワード建築設計事務所。2018年福岡女子大学講師、2021年より准教授に着任。専門はコミュニティ施設の計画論、建築物（高齢者施設）の避難安全計画。近年はおもに「若者や子ども」を対象にした地域づくり・施設づくりに関わる計画及び実践を展開。

〈取材協力(50音順)〉

入江 智子(いりえ ともこ)
(株)コーミン代表取締役。
1976年兵庫県生まれ。京都工芸繊維大学卒業後、大阪府大東市役所に入庁。2017年大東公民連携まちづくり事業(株)(現コーミン)出向。2018年市役所退職、現職。2019年基幹型地域包括支援センター運営開始、まちづくりと健康づくり両輪の会社となる。公民連携エージェント方式で市営住宅の建て替えを行なった「morineki」が2021年春オープン、2022年「都市景観大賞」国土交通大臣賞を受賞。

内山 博文(うちやま ひろふみ)
u.company(株)代表取締役、Japan.asset management(株)代表取締役、(一社)リノベーション協議会 会長、つくばまちなかデザイン(株)代表取締役。
愛知県出身。マンションディベロッパー、不動産ベンチャーを経て2005年(株)リビタを設立。また2009年(一社)リノベーション協議会を立ち上げ2013年より会長を務める。2016年コンサルティング会社u.company(株)と事業企画から設計までをサポートするJapan. asset management(株)を設立し独立。現在、つくば市が出資するまちづくり会社・つくばまちなかデザイン(株)の代表も務める。

大谷 悠(おおたに ゆう)
まちづくり活動家、福山市立大学都市経営学部専任講師。博士(環境学)。
1984年東京都生まれ。2010年単身渡独、2011年ライプツィヒの空き家にて仲間とともに登記社団ライプツィヒ「日本の家」を立ち上げ、以来日独で数々のまちづくり・アートプロジェクトに携わる。2019年東京大学新領域創成科学研究科博士後期課程修了。同年秋から尾道に在住、築100年の空き家を「迷宮堂」と名づけ、住みながら改修し、国籍も文化も世代も超えた人々の関わり合いの場にしようと活動中。

岡崎 正信(おかざき まさのぶ)
(株)オガール代表取締役、岡崎建設(株)専務取締役、(一社)公民連携事業機構代表理事など。
1972年岩手県生まれ。日本大学理工学部土木工学科卒、東洋大学大学院経済学研究科公民連携専攻修了。地域振興整備公団(現・都市再生機構)入団。2002年岡崎建設(株)を継ぐために退団。故郷の紫波町で「オガールプロジェクト」を企画立案、推進。同プロジェクトで2019年度ふるさとづくり大賞(総務大臣賞)受賞。

河野 直(こうの なお)
合同会社つみき設計施工社共同代表、(一社)The Red Dot School代表理事。
1984年広島県生まれ。京都大学大学院修了後、就職することなく、つみき設計施工社を起業。「ともにつくる」を理念に「参加型リノベーション」を展開し、DIYワークショップを500回以上実施。2021年東京大学建築生産マネジメント・連続レクチャー「つくるとは、」ディレクター。2023年(一社)The Red Dot Schoolを瀬戸内・佐木島にて設立し、建築デザインビルド教育を国際展開。著書に『ともにつくる DIYワークショップ』(ユウブックス)『建築をつくるとは、』(共編著、学芸出版社)ほか。

東海林 諭宣(しょうじ あきひろ)
(株)シービジョンズ代表取締役。
1977年秋田県生まれ。都内デザイン事務所を経て、2006年秋田市にて(株)シービジョンズ設立。店舗・グラフィック・ウェブなどのデザイン、編集/出版・各種企画/運営などを手掛ける。自社が入居する「ヤマキウビル」のリノベーション事業を機に、「ヤマキウ南倉庫」など不動産活用によるエリアの価値創造を掲げ、各地のまちの魅力を引き出す活動を精力的に行う。

豊田 雅子(とよた まさこ)
NPO法人尾道空き家再生プロジェクト代表理事。
1974年広島県生まれ。関西外語大学卒業後、大阪の旅行代理店で海外旅行の添乗員として勤務。2002年尾道市にUターン。2007年に任意団体「尾道空き家プロジェクト」を設立し、翌年NPO法人化。これまでに20軒の空き家を再生、大家と借り手を仲介する「空き家バンク」事業では約100軒のマッチングを手掛けた。

藤原 岳史(ふじわら たけし)
(株)NOTE代表取締役社長、(一社)ノオト代表理事。
1974年兵庫県丹波篠山市生まれ。IT企業経験後、故郷の活性化に取り組みたいという思いが強まり、丹波篠山市にUターン。2010年に(一社)ノオトの理事に就任し、古民家再生によるまちづくり事業に取り組む。2016年5月に(株)NOTEを設立し代表取締役に就任。古民家等の地域資源を活用した地方創生・地域活性化事業であるNIPPONIA事業を全国で展開する。著書に『NIPPONIA 地域再生ビジネス』(プレジデント社)がある。

松島 孝夫(まつしま たかお)
(株)エンジョイワークス取締役。
1974年栃木県生まれ。大手ゼネコン建築設計部、コーポラティブハウスプロデュース会社を経て、2017年、エンジョイワークスに入社。"集まって住まう"エンジョイヴィレッジのプロデュースを始め、設計部門から事業企画、コミュニティ形成まで全国各地で幅広いプロデュースを行う。

吉原 勝己(よしはら かつみ)
吉原住宅(有)代表取締役、(株)スペースRデザイン代表取締役。
2000年老朽ビルで経営危機の吉原住宅(有)を継ぎ、2003年から賃貸リノベーション事業に取り組む。その過程で人のつながりに着目し経年優価「ビンテージビル」概念を確立。その象徴である築61年「冷泉荘」は文化発信・地域交流の拠点となり「福岡市都市景観賞」を受賞。空き家を社会課題ビジネスととらえ約50棟を再生。団地、商店街再生でも活動中。

和田 貴充(わだ たかみつ)
空き家活用(株)代表取締役CEO。
1976年大阪府摂津市生まれ。2010年新築戸建分譲を行う(株)オールピース設立。2015年空き家活用(株)設立。自社で空き家調査を行い16万件のデータを収集。そのノウハウを活かしアプリケーション「アキカツ調査クラウド」提供。「アキカツカウンター」では空き家所有者のよろず相談に乗り、利活用希望者へとつなげる。

空き家・空き地を
活かす地域再生
〈コミュニティ・アセット実践編〉

2024年10月10日　初版第1刷発行

編著者　田島則行

著著　奥村誠一・権藤智之・中城康彦・納村信之・森田芳朗・山崎 亮・若竹雅宏

協力　千葉工業大学田島研究室
2023年度
前田優人・関口裕太・中澤果萌
坂東凜音・山本篤宜・片岡里緒
2024年度
小林功季・田子美咲・入澤幸菜
2023〜2024年度（大学院生）
寺尾元希・伊藤聖・川崎玲雄・高橋涼輔・内藤大生・佐々木美優

発行者　矢野優美子

発行所　ユウブックス
〒221-0833 神奈川県横浜市神奈川区高島台6-2
TEL：045-620-7078
FAX：045-345-8544
MAIL：info@yuubooks.net
HP：http://yuubooks.net

編集　矢野優美子

アートディレクション　藤田康平（Barber）

デザイン　古川唯衣

印刷・製本　株式会社シナノパブリッシングプレス

ISBN 978-4-908837-15-9 C0052